气象
学术论著写作与编辑

张福颖　吴晓鹏　黄红丽 ◎ 编著

气象出版社
China Meteorological Press

内容简介

本书作者长期从事气象学术期刊、图书的编辑出版工作,在学术论文撰写与发表以及学术专著编辑出版方面积累了丰富实践经验。书中以标准的学术论著的结构为基本框架,结合大量气象学术论著实例(题名、摘要、量和单位、图表、参考文献、投稿与出版流程等),以问题案例分析为基础,使有学术论著写作需求的科技业务人员轻松掌握学术论著的写作知识,进而具备学术论著写作能力。本书实例分析通俗易懂,对致力于学术论著写作的研究人员、业务技术人员和管理人员,从事学术期刊、图书编辑出版工作的相关人员,以及气象学及相关专业学生都有参考价值。

图书在版编目(CIP)数据

气象学术论著写作与编辑/张福颖,吴晓鹏,黄红丽编著. --北京:气象出版社,2020.5(2021.3重印)
　ISBN 978-7-5029-7211-0

Ⅰ.①气… Ⅱ.①张… ②吴… ③黄… Ⅲ.①气象学—论文—写作 Ⅳ.①P4

中国版本图书馆 CIP 数据核字(2020)第 081908 号

气象学术论著写作与编辑
Qixiang Xueshu Lunzhu Xiezuo yu Bianji

出版发行:气象出版社

地　　址:北京市海淀区中关村南大街 46 号　　　　邮政编码:100081
电　　话:010-68407112(总编室)　010-68408042(发行部)
网　　址:http://www.qxcbs.com　　　　E-mail:qxcbs@cma.gov.cn
责任编辑:王　迪　　　　　　　　　　　终　审:张　斌
责任校对:张硕杰　　　　　　　　　　　责任技编:赵相宁
封面设计:博雅锦
印　　刷:北京建宏印刷有限公司
开　　本:710 mm×1000 mm　1/16　　　　印　张:10.25
字　　数:210 千字
版　　次:2020 年 5 月第 1 版　　　　　　印　次:2021 年 3 月第 2 次印刷
定　　价:60.00 元

前　　言

天气和气候影响着生态环境、经济和社会生活的各个方面,全球气候变化是当前的科学热点之一,也是国际关注的焦点。气象学不仅是研究大气状态及其变化规律和成因的一门科学,而且是研究大气与水、岩石、冰雪和生物圈相互作用的动力、物理和化学过程的一门综合性科学。对气象学进行深入的科研工作,能够充分利用有利天气和气候资源,减轻天气气候灾害的影响,能够在社会、经济和生态环境建设中起着重要的保障作用。气象学术论著写作是气象科研工作的重要组成部分,是科技研究的手段,是科技交流的工具,是科技成果的最后标志。它对整个气象科技事业的发展有着巨大的推动作用,值得高度重视。

古代哲人说过这样的谚语:"无人见到的森林里飘落的树叶,它是否真的落下?"这句话形象地描述出那些只会埋头做研究,而不注重撰写研究成果的科学家,他们的很多研究成果都悄无声息的被埋没了。因此,气象学术论著写作是气象科研人员必须具备的一种最基本的能力。作为气象科研人员应当掌握气象学术论著写作的基础知识和撰写方法,熟悉相关的国家标准和规定,了解编辑出版部门对论著质量的要求,通过写作实践,提高写作能力,写出符合规范要求的学术论著。气象学术论著的撰写是一个系统的工作,其撰写水平的提高是一个循序渐进的过程。每一个欲写学术论著的作者,都会碰到如何命题,写好辅文、正文、参考文献等具体问题。为了解决这些具体问题,我们编写了本书。

本书由八部分组成,分别介绍了出版的相关知识、气象学术论著的特点及成稿要求、论文发表流程和图书出版流程、精品期刊建设和气象精品专著导向等。以标准的学术论著的结构为基本框架,结合大量气象学术论著实例,以问题案例分析为基础,对学术论著的组成部分进行了详细分析和探讨;对文稿中的插图和表格、量和单位、数学符号和公式、标点符号等的概念、作用及使用原则进行了详细表述,并结合具体的问题实例深入地讨论了他们的规范使用;从中文期刊和西文期刊对大气科学期刊的总体情况进行了介绍和分析,并针对作者投稿过程中的一些常见问题,给出需要注意的事项和建议;在分析科技精品期刊实施条件的基础上,探讨了科技期刊精品建设的举措、发展和出路,指出科技类精品期刊建设离不开品牌特色、精品栏目、学科专业地位、雄厚的编辑队伍以及媒体融合等;以相关出版基金及奖项为导向,介绍了如何打造气象精品专著。本书作者长期从事气象学术期刊、图书的编辑出版工作,在学术论文撰写与发表以及学术专著编辑出版方面积累了大量实践经验。本书内容在这些实践经验的基础上,逐步得到充实和完善。希望本书的出版，能够对读者有所借鉴和帮助。

在编写本书的过程中，我们参考了国家的相关标准和同行们的其他著作，如参考了《出版专业基础》《大气科学论文论著撰写、编校及常见问题》等图书的部分内容，在此致以诚挚的谢意。

本书得到了南京信息工程大学和气象出版社的支持和鼓励，由南京信息工程大学教材建设基金项目资助。倪东鸿编审对本书的编写给予了指导性建议，在此致以深切的谢意。

学术论著写作所涉及的知识面非常宽泛，很多标准、规定、规范在不断更新、完善。由于时间和水平有限，作者尽管做了很大的努力，但疏漏、不当之处在所难免，敬请读者批评指正。

编著者

2020 年 3 月

目　　录

第1章　出版相关知识

1.1　出版的概念

出版是指编辑、复制作品并向公众发行的活动,是以传播科学文化、信息和进行思想交流的一种社会活动。作品是出版的前提,编辑、复制是手段,向公众发行是目的(国家新闻出版广电总局出版专业资格考试办公室,2015a)。作品一经完成,不论是否出版,即享有著作权。

出版活动三大要素是编辑、复制、发行。狭义出版是指将加工过的稿件印装出书。仍沿用的旧称或不严密称谓如出版部、出版处、出版科等。图书出版是指编(辑)、印(刷)、发(行)。数字出版是指以数字技术将作品编辑加工后,经过复制进行传播的新型出版。

1.2　出版单位

从事出版活动的机构叫出版单位,包括图书出版社、期刊社、报社、音像出版社、电子出版物出版社和互联网出版机构等。出版社是指进行图书、手册、画册和电子内容等有版权物品的出版活动的组织(出版社、印书馆、书局、出版公司等)。期刊社是以出版期刊为主要任务的出版单位。报社是以报纸为主要任务的出版单位。我国的出版社主要有以下分类:①按经营性质分为经营性出版社和公益性出版社;②按属地分为中央级出版社、大学出版社和地方出版社;③按出版内容分为综合性、社科类、科技类、文艺类、教育类、少儿类、古籍类、美术摄影类、旅游类等出版社。

1.3　出版物

出版物就是已出版的作品,是出版活动的成果,即作品经过编辑加工、审校,采用某种载体形式加以复制而成的可供传播的产品。出版物应由出版单位出版,其三要素为精神文化内容、物质载体和一定量的复本可传播。出版物特殊性在于其既是精神产品,又是物质产品;出版物既有社会效益,又有经济效益;出版物生产过程既有精神生产过程,又有物质生产过程。

出版物种类是根据载体、内容、表现形式、生产方式等方面的总体特征而进行分类的。如,纸介质出版物(纸质出版物、印刷型出版物)有图书、期刊、报纸等,其中图书是指由正规出版社出版编有国际标准书号(International Standard Book Number,ISBN),有定价并取得版权保护的出版物;期刊是定期出版的刊物,如周刊、旬刊、半月刊、月刊、季刊、半年刊、年刊等,由依法设立的期刊出版单位出版编有国内统一连续出版物号和国际标准连续出版物号的出版物;音像出版物是以光学、电子技术设备为手段,以磁性材料(磁带)、感光材料(光盘)或其他非纸材料为载体,记录有声音符号、活动图像符号以及文字符号的出版物;电子出版物有连续型的电子期刊和非连续性的电子书、电子游戏等;互联网出版物的特点是出版物的复制和发行没有明显界限,交织在一起,销售多少就复制多少。

出版物标识是出版的身份标志,即标准化识别代码。

国际标准书号 ISBN 是图书的标准化标志之一,是专门为识别图书等文献而设计的国际编号。

例如:ISBN 978-7-5029-6982-0。

其中:

978——EAN. UCC 前缀(国际物品编码协会给书的编码);

7——组区号(中国大陆);

5029——出版者号(气象出版社);

6982——出版序号(第 6982 本书);

0——校验码。

版权标识是图书在版编目(CIP)数据。CIP 就是图书在版编目,每本正规出版的图书在扉页的背面(或全书最后一面)都会有"图书在版书目 CIP 数据",可以说 CIP 是图书的身份信息,代表着图书是经过新闻出版署审核出版的正规出版物。在图书出版中,CIP 是关键的通行证,CIP 是出版社向中国版本图书馆 CIP 数据中心申请核发的,个人是无法获取的。具体示例如图 1.1 所示。

图书在版编目(CIP)数据

新编大气探测学/王振会主编 . --北京:气象出版社,2019.12

ISBN 978-7-5029-7133-5

I.①新… II.①王… III.①大气探测—高等学校—教材 IV.①P41

中国版本图书馆 CIP 数据核字(2019)第 295241 号

图 1.1 CIP 示例

中国标准刊号(China Standard Serial Number,CSSN)是经我国新闻出版管理部门正式批准、登记的期刊刊号。它由国际标准刊号(Intenational Standard Number,ISSN)和国内统一刊号(CN)两部分组成。

如《大气科学学报》的中国标准刊号是：

ISSN1674-7097

CN 32-1803/P

1.4　出版的意义

书刊出版是最好的思考和总结过程。很多研究探讨了出版的意义,如：吴平(2019)对学术出版的价值和意义进行了深入的阐述；熊炽和朱毅帆(2020)从少儿主题出版角度论述了出版的意义。气象书刊出版的意义在于：

(1)积累和传承气象科研和业务成果。气象科技书刊较其他传媒对气象科学技术成果的论述更为系统和全面,更利于深入研究、学习,其传播效果更为长远,受众更广泛。我国正式出版的图书,都在国家图书馆、国家版本图书馆永久保存。

(2)提升作者和气象行业影响力。气象书刊成为行业内学术和业务交流的重要渠道,优秀的论文和专著可以提升作者在专业领域内的认知度和影响力。同时,新时代气象事业发展突飞猛进,先进的成果、成绩、成效和经验可以通过论文和图书展现和传播,以面向政府、相关行业和社会公众展示气象风采,营造关注、理解、支持气象的良好舆论氛围,提升中国气象影响力。

(3)传播与普及科学知识。在气象科学知识的普及方面,气象教材、科普图书、科普期刊目前还是不可替代的。面向学生、农民和社区居民等人群普及气象防灾减灾、应对气候变化、气象为农服务等知识的科普读物的出版是提升公共气象服务水平的重要途径,也将推动全民科学素质的提升。

(4)推动气象文化建设。气象史志文化类图书是对气象文化遗产、气象历史、气象优秀传统、气象精神的传承、积累和展现,是加强气象文化建设、加强精神文明建设、凝聚气象人心的重要资源。

1.5　编辑与作者

1.5.1　编辑的概念

编辑是一种工作类别,也是一类职业身份。当表示工作类别时,编辑是指以生产出版物的精神文化内容为目的,策划、组织、审读、选择和加工作品的一种专业性的精神生产活动,它是出版物复制、发行的前提。当表示职业身份时,编辑是指从事编辑活动的职业、岗位、人员。《中共中央、国务院关于加强出版工作的决定》明确指出:"编辑工作是整个出版工作的中心环节。"

1.5.2　编辑工作的特点和意义

编辑工作具有自己的专业特点,包括政治性、思想性、科学性、创造性、选择性、加工性、中介性等(国家新闻出版广电总局出版专业资格考试办公室,2015b)。气象学术论著编辑工作特点主要有以下几个方面。

(1)政治性。气象学术论著编辑必须把握出版为人民服务、为社会主义服务的方向,坚持党的基本路线、方针、政策,遵守国家法律、法规以及编辑出版的有关规定,服从国家的整体利益,坚持把社会效益放在首位、社会效益和经济效益相统一,这是编辑在工作中应遵循的基本原则。

(2)综合性。气象学术论著出版流程大致要经过制定选题计划、组稿审稿、加工发排、排版印刷、发行和信息反馈6个环节。在整个流程中,编辑既是论著目标的策划者,又是内容的组织者和监督者,同时也是规范的执行者和为读者、作者提供服务的服务者。编辑工作要严把学术质量关、严把编辑质量关、利用先进技术手段提高论著的传播速度和通过各种途径扩大论著的传播范围。气象学术论著编辑工作不是单一性的,具有综合性特点。

(3)加工性。在将作者的手稿转化为正式的科学文献,使作者个人获得的知识转化为社会可以共享的知识的过程中,编辑本着对作者负责、对科学负责、对历史负责、对读者负责的态度,对稿件信息进行筛选、明辨、鉴别、判断、评价、审核、取舍、校勘、修改、整理等一系列加工和浓缩,对科研成果进行科学的、逻辑的、重在实质的再创造,使文稿更合乎逻辑和符合出版要求。

编辑工作的意义是可以有效为人们提供更多的可以阅读的书刊等,帮助人们的精神世界得以丰富和完善,也包含着提升期刊、图书价值和促使出版行业发展等内容。第一,编辑工作使书刊诞生,在工作处理的时候也要关注人们精神需要的满足情况,人类社会发展需要文化内容作为支撑,编辑工作在开展的时候可以产生更多高质量的书刊,书刊在传播文化知识方面具有重要作用,编辑的价值也就是有效传承文化知识。第二,书刊的形成和编辑的付出呈正相关的关系,编辑需要具备编辑策划等相关能力,要对选择的作品实施精加工处理,只有精打细磨,才可以有效提高书刊质量。

1.5.3　编辑与作者的关系

在出版中,编辑、作者以及读者是重要的组成部分,编辑能够从读者中明确需求,从而明确选题,作者是该选题的主要落实者。由此可以看出,编辑与作者在出版中的重要作用。为促使出版工作能够有序开展,就要处理好编辑与作者之间的关系

（秦中悦，2016；叶庆娜，2018；张丛 等，2019）。

第一，编辑与作者彼此之间要增强信任感。通常情况下，编辑与作者之间的交流与交往是一个相对漫长的过程。在最开始，作者需要一个过程，熟悉与了解编辑。同时，编辑同样也需要一个过程，了解与接触作者。作者需要始终相信，编辑可以对各项工作认真负责，能够对稿件认真审阅与整理。编辑也同样要认真且坦诚，及时发现稿件中存在的问题，并将问题及时反馈给作者。与此同时，双方的目标要保持一致，都将提升稿件质量作为主要目标，彼此相互理解、相互尊重，为出版高质量图书打下良好基础。

第二，编辑要因人而异，具备较强的观察能力与分析能力。在书刊的出版中，编辑不仅要具备较强的审稿能力，同时要科学合理地处理稿件。例如，在面对新手作者时，编辑要充分发挥自身的优势与耐心。针对稿件的内容、装帧设计以及其他环节细微的处理，都需要编辑具备足够的耐心。编辑要加强对新手作者的引导，促进新手作者自身得到更好发展。在面对资深作者时，编辑需要加强对情感的运用，及时与作者沟通、交流，这样才能更好地解决稿件中的问题，使书刊的出版质量得到保障。

第2章　气象学术论著的特点及成稿要求

2.1　气象学术论著的范畴

学术论著是指作者根据在某一学科领域内科学研究的成果撰写成的理论著作，该著作应对学科的发展或建设有重要贡献和推动作用，并得到国内外公认。根据学术著作的长短，又可以分为单篇学术论文、系列学术论文和学术专著三种。一般而言，超过4万字的，可以称为学术专著。

学术论著有几个基本特点：①一定要本人亲自撰写；②是新的学术研究成果，是在理论上有重要意义或实验上有重大发现的学术著作。

气象学术论著是指根据在大气科学及相关领域内科研、业务的成果撰写成的学术著作，包括论文和专著。

2.2　特　　点

2.2.1　基本特点

气象学术论著是大气科学研究成果通过文字表达予以记载和传播的重要形式。但是成果与论著之间并不是内容与形式之间的关系，因为有了好的成果并不一定等于有了好论著。气象学术论著写作必须做到科学性强，又有一定的实用价值，条理要清楚，文体要符合一定的规范(李道文，1984)。因此，气象学术论著应具备科学性、创新性、学术性、可读性等基本特点。

1. 科学性

气象学术论著是客观存在的自然现象及其规律的反映，必须具备科学性。科学性是气象学术论著的生命，有三层含义：(1)内容的科学性。表现为论点正确，概念、定义、判断、分析准确，论据必要而充分，论证严密；数据可靠，处理合理；推理符合逻辑，计算精确；最终结论客观，符合实际。(2)表述的科学性。表述要准确、明白，语言的使用要十分贴切，没有疏漏、差错或歧义。概念要进行科学定义或选择恰当的科学术语，消除口头语言的模糊性。表述数字要有符合要求的准确数值，同时把数值准确地表述出来。对自己研究成果的估计要确切、恰当,对他人研究成果的评价要实事求是。(3)结构的科学性。学术论著是客观事物事理的反映,其结构应具有严密的逻辑性。运用综合方法,从已掌握的材料得出结论。

2. 创新性

创新性是气象学术论著的灵魂所在。学术论著所揭示事物的现象、特点及运动的规律以及对这些规律的运用应该是前所未有的,即学术论著所反映的规律不能重复前人的研究成果。学术论著是否有创新,是其能否正式出版的重要衡量点。

3. 学术性

学术性是气象学术论著的本质特征,要将实验、观测所得的结果,从理论高度进行分析,把感性认识上升到理性认识,进而找到带有规律性的认知,得出科学的结论。论著所表述的发现或发明,不但应具有应用价值,而且还应具有理论价值。在涉及关于工具、方法的使用时,能否给出为何使用这种工具和方法的原因十分重要。论著中的公式、图表等的使用,需对公式中所用符号进行说明,且应说明公式的适用条件。公式推导应把过程写清楚,以免引起不必要的麻烦。

4. 可读性

撰写气象学术论著是为了交流、传播、储存新的气象科技信息,让成果转变为知识,他人可以利用。因此,论著必须按一定格式写作,才有良好的可读性。在文字表达上,要求语言准确、简明、通顺,条理清楚,层次分明,论述严谨。在技术表达方面,包括名词术语、数字、符号的使用,图表的设计,计量单位的使用,文献的著录等都应符合规范化要求。

优秀的气象学术论著,除了上述 4 点基本要求外,还需要做到以下要求(图 2.1):(1)先进性。先进性是指气象学术论著在国内外同领域中所处的地位。优秀的气象学术论著往往可以在同领域中起到导航作用,能够较好地推动大气科学的发展和进步。(2)实用性。实用性是指气象学术论著的选题有现实指导意义,论著中所阐述的理论和方法有较大的参考价值和较好的应用前景,可作为进一步深入研究的理论基础或实际应用的技术支持。气象学术论著若没有很好的实用性,它的价值将严重降低。

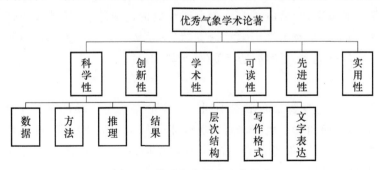

图 2.1　优秀气象学术论著特点

2.2.2 论文和专著各自具有的特点

论文与专著,可以说既有联系,也有区别,而区别点包括很多方面,下面介绍几种常见的区别。

1. 定义不同

气象学术论文是对大气科学及相关领域内某一学术问题或现象进行科学研究后提出独创性见解、表述科学研究成果的理论文章,或是某种已知原理应用于实际上取得新进展的科学总结,是从事气象科学研究的记录和展示研究成果的一种载体。用以提供气象学术会议上宣读、交流、讨论或学术刊物上发表,或用作其他用途的书面文件。

气象学术专著是专题论著、专门著作,是作者根据大气科学及相关领域内某一科学研究的成果全面系统论述的著作,一般是对特定问题进行详细、系统考察或研究的结果,由出版社以图书的形式出版出来。这类图书一般具有一定的权威性、较高的学术价值和社会价值。

2. 篇幅不同

气象学术论文与专著都与文章有关,很多时候专著可以算为长篇的论文。即论文与专著在字数上有所不同,论文的篇幅一般控制在3万字以内,篇幅在4万字以上的学术成果,可以称为学术专著。专著的篇幅一般比较长,能围绕较大的复杂性问题作深入细致探讨和全面论述,具有内容广博、论述系统、观点成熟等特点,一般是重要科学研究成果的体现。专著出版前,作者的研究成果往往先以论文(或多篇)的形式出现,在此基础上深入探讨,并展开阐述,从而形成专著。专著的字数一般会更多,常见的多在30万~40万字这一区间。

3. 学术价值不同

气象学术论文与专著的学术价值不同。气象学术论文是一个一个学术问题的解决,是一点一点地散点透视,是筑成学术高塔的一点点沙石;学术专著是成体系、成规模的学术成果集合,是由一个一个点所形成的面或体,是聚沙成塔而建成的学术之塔。因此,学术专著比之于学术论文,它一般来说分量更重,影响更大,往往对学科建设的贡献要更大、更加举足轻重(姚承嵘,2012)。

4. 出版载体不同

气象学术论文与专著公布形式不同。一篇论文发表一般是需要找合适的学术期刊投稿,刊登在期刊上。也有多篇相关学术领域论文汇集成册,找合适的出版社出版成论文集。专著一般是找合适的出版社投稿出版,即出版的专著属于出书范畴,以图书的形式呈现。

2.3　成稿要求

2.3.1　基本要求

气象学术论著的写作要注意以下几点基本要求。

1. 坚持正确的政治方向

论著的稿件必须正确宣传党的路线和方针政策,注意体现辩证唯物主义和历史唯物主义观点。稿件中有关政治性内容必须做到正确无误。

涉及党的路线方针政策的文字,应符合党和政府的规定和提法。引用伟人著作以及党和国家领导人的讲话、党和国家的文件时,要以人民出版社或党报、党刊上公开发表的最新文本为准。在引用时要做到严肃、认真、合理、适当,并逐字(含标点符号)进行核对。稿件内容不得泄露国家的政治、经济、文化、军事和技术机密,不能引用保密资料和引进技术中必须保密的内容。遇到国家疆界、地区或国名的称呼,可能涉及国家的领土主权和对外关系时,一定要按照国家的有关规定处理。

2. 不得剽窃和抄袭

论著在写作过程中不得以任何形式侵害他人权益,因剽窃、抄袭他人著作或其他文献引起的侵权责任由作者自负。为介绍、评论某一作品或者说明某一问题而合理引用他人的资料、数据、图表和学术观点等,应以脚注或参考文献的形式注明出处。

3. 稿件特色应鲜明

著者应考虑稿件的性质和读者对象等,力求特色鲜明,切忌东拼西凑的平庸之作。中文稿件要用通用规范汉字写作,语句要通顺、合乎逻辑和现代标准汉语语法,适合既定的读者对象,适合不同性质出版物的特点。学术论著要求内容精练,文笔言简意赅、准确、流畅,叙述严谨、逻辑性强。

4. 翻译稿应"信、达、雅"

若要翻译国外已出版的气象学术论著,要正确地表达原意,无错译、漏译,注意译文通顺和符合汉语习惯。对于原书中不易为我国读者理解、有悖于我国领土、主权立场和某些不符合我国国情的内容,应根据具体情况进行恰当处理。原著内容有个别科学性错误或问题,可加注或在译者前言、后记中注明,明显的排版错误可直接在译稿中改正。

5. 格式与体例统一

学术论著书稿内容应前后衔接,名词术语规范统一,量和单位规范统一,书稿体例一致,目录与章节标题统一,图、表、公式、参考文献形式统一,插图与表格本身符合要求且位置安排恰当。

凡集体编著（或翻译）的论著，要明确论著负责人和联络人，在著（译）过程中及时开展相关问题的研究并加以解决，在交稿前必须由专人负责全稿的统一整理工作。

6. 成稿形式及"齐、清、定"

提交出版社的书稿（期刊社的论文），应是"齐、清、定"的稿件，包括纸质书稿和电子书稿。电子书稿与纸质书稿一致。纸质书稿须由作者本人或书稿负责人签名。

"齐"即文稿（包括正文及其前后辅文）、图稿齐全，内容简介一般由作者撰写；"清"即稿面整齐，书写或打印清楚、工整，标注明确、易辨，删改清晰不乱；"定"即文、图内容已确定，不存在遗留问题，作者无需再作大幅增删和修改。

2.3.2 具体要求

由于气象学术论著的特点，使得气象学术论著在写作过程中应该是在研究工作的基础上进行"再创造"的过程。因此，气象学术论著写作还应该满足以下具体要求。

1. 主题明确，中心突出

气象学术论著写作中不可下笔千言，离题万里；不可走题、改题、文不对题。主题是全文的灵魂，不但要明确确切，而且要十分突出，成为一切资料、论证围绕其运转、为其服务的轴心。对论著来说，主题即论点，偏离了主题，便丧失了意义。

2. 结构严谨，层次分明

结构是论著的骨骼、构架，没有结构，论著便肌肤难附，那便不能让人再去推敲和相信结论。严谨而分明的层次和结构，能将主题阐发的淋漓尽致，细致深入。

3. 逻辑严密，自成系统

气象学术论著不同于文学创作，它讲的是道理，要紧的是逻辑。逻辑是知识的"格局"，它保证的是思路的清晰，论著的贯通，从前提到结论的必然性，这正是论著的力量所在。论著的每个组成部分，又应该是系统的各个组成部分——它们必须相互协调、相互制约、相得益彰，组成一个严密的整体，牵一发而动全身。如果论著的构成部分相互间毫不相关、甚为松散，只是一些资料的堆积、事实的罗列，那么论著就要大大丧失其说服力。

4. 论证充分，说理透彻

气象学术论著的特征就是论证，论著的功能就是证明。论著的论点是带有创造性、开拓性甚至独树一帜的观点，或者是为了补充被前人忽略的东西，或者是纠正被他人曲解了的东西，所以必须言之有据、言之有理，能够确凿而有力地证明自己的论点。因此，论证既是论著的根本特征和主要使命，也是论著的最重要的内容。论证必须要充分，说理必须要透彻，论点才能得到全面而确凿的证明。

5. 提出问题，解决问题

论著要能够提出值得思考、探讨、研究的新问题，提出自己的观点和看法。为了使自己的观点和看法能说服他人，就要对问题进行透彻的分析、有力的证明，从而得到确切的结论，以回答和解决自己提出的问题。论著所需要的就是提出问题、分析问题、解决问题，它所培养和造就的，也正是这种研究能力和开拓能力。

6. 语言简洁，概念准确

对于气象学术论著来说，其任务既然是为了阐述和证明，它也就不能像文艺性的作品那样以大量的修饰形容词语句装点论文，以提供其艺术性与感染性。学术论著要做的是说理，说理所要求的就是简单明白、直截了当，因而在语言上也就要求简洁。气象学术论著要正确使用语言，其基本要求是准确性、鲜明性、主动性、简洁性。同时，气象学术论著的每一个概念都要求十分的准确、精确，不允许有任何歧义发生。否则，证明就不能对准焦点、对准论点，就不能得到单值、唯一的必然结论。

第3章 论文的结构及发表过程

3.1 论文的结构

学术论文的结构是由各个组成部分紧密关联而形成的统一整体,从开头、中间到结尾均要达到首尾连贯、层次分明、逻辑严密和条理清楚。学术论文一般具有相同或相近的结构,但由于研究内容、研究方法、研究过程以及研究成果等的不同,其结构不可能完全相同,有时会有一些差别。我国《科学技术报告、学位;论文和学术论文的编写格式》(中国国家标准化管理委员会,1987)指出,一般可以将学术论文的结构概括为由前置部分、主体部分、附录部分(可选)组成。其中,前置部分主要包括题名、作者、摘要、关键词;主体部分主要包括引言、正文、结尾;除附录外,规范的学术论文的结构体系必须包括参考文献。

典型的气象学术论文结构一般包括以下内容:①题名;②摘要;③引言;④方法/实验步骤;⑤正文;⑥结果;⑦讨论;⑧致谢;⑨参考文献。

以《大气科学学报》为例,该刊论文的结构组成按次序排列为:题名、作者署名、作者工作单位、中文摘要、关键词、引言、正文、结论、参考文献、英文标题、作者英文名、单位英文名、英文摘要、英文关键词等。

3.2 论文摘要和关键词

摘要是学术论文的必要组成部分,是作者对文章主要内容简单扼要的客观陈述,是"以提供文献内容梗概为目的、不加评论和补充解释,简明、确切地记述文献重要内容的短文"(韦吉锋,2008)。规范的摘要是一篇论文的浓缩与精华,即使读者不阅读全文也能获得必要的基本信息,且便于文献检索机构对论文学术水平的评析,有利于论文的收录,增加论文被国际著名数据库检索的概率,使论文的学术价值得以体现(陈斐 等,2015)。

摘要的主要功能(王亚秋 等,2011)可概括为:①便于读者迅速了解全文大意,使其能以较少的时间获取必要的信息,并决定是否需要进一步阅读全文;②为情报人员编制二次文献提供方便,摘要的质量直接影响其二次文献的质量;③在文献的计算机检索、网络和其他电子出版物等方面,摘要是必不可少的;④英文摘要还可扩大对外学术交流,有助于提高国际影响力。

3.2.1 摘要

1. 摘要的基本要素

摘要的基本要素(杨海文,2010)一般包括研究目的、研究对象、研究方法、研究结果、所得结论以及结论的适用范围等,其中研究目的、研究方法、研究结果和结论是摘要必不可少的内容。

(1)研究目的——研究、研制、调查等的前提、目的和任务,所涉及的主题范围及作者写作意图。

(2)研究方法——所用的原理、理论、条件、对象、材料、工艺、结构、手段、装备、程序等。

(3)研究结果——实验的、研究的结果、数据,被确定的关系,观察结果,得到的效果、性能等。

(4)结论(讨论)——结果的分析、研究、比较、评价、应用,提出的问题或今后的课题,建议、预测等。

2. 摘要的基本类型

摘要的类型基本上有三种,即报道性摘要、指示性摘要和混合性(报道—指示性)摘要。

(1)报道性摘要。全面、简明地概括论文,尽量提供定性或定量信息,一般在 300 字左右。由于报道性摘要信息密度大,内容完整,可以部分地取代阅读全文,凡是在内容上具有独创性和前沿性的学术论文,都适宜写成报道性摘要。

(2)指示性摘要。以简短的语言概括论文的主题及取得的成果,使读者对论文的主要内容有一个轮廓性的了解,一般在 100 字左右,多用于简报、综述、会议报告等。

(3)报道-指示性摘要。以报道性摘要的形式表述论文中信息价值较高的部分,以指示性摘要的形式表述其余部分。一般在 200 字左右。

气象学学术期刊刊登的论文多写成报道性摘要,综述类文章可撰写成指示性摘要。

3. 结构式摘要

结构式摘要(structured abstract)又称多信息摘要(more informative abstract),是由加拿大 McMaster 大学临床流行病学和生物统计学教授 R. B. Haynes 博士于1987 年 4 月首先建立的。同时,美国《内科学纪事》(Annals of Internal Medicine,Ann. Intern. Med.)于 1987 年在国际上率先应用结构式摘要。迄今为止,世界上生物医学期刊应用结构式摘要已成推广之势。

结构式论文摘要一般包括目的、方法、结果与结论四部分。文辞力求简明,有实质内容。具体层次为:目的、方法、结果和结论。具体要求如下。

(1)目的部分:直接了当地简要说明研究背景、目的或所阐述的问题。

(2)方法部分:对研究的基本方法和过程加以描述。包括使用的数据、软件、时间段、研究对象的数量及特征,主要变量及主要的研究方法;方法学研究要说明新的或改进的方法、软件以及被研究的对象。

(3)结果部分:为摘要的重点部分。提供研究所得出的主要结果,列出重要数据或事实。

(4)结论部分:指出本论文和研究结果的意义、价值或主要创新之处。

结构式摘要的优点为:内容完整、重点突出、信息量大、观点明确、层次清楚、条理分明,有利于科技信息的检索和加工,也便于专家审稿。缺点为:硬性分层、逻辑性差、占篇幅增多。

4. 摘要的写作要求

摘要的具体撰写要求如下。

(1)完整性。摘要应包括研究目的、方法、结果、结论等内容,基本上涵盖论文的主要信息,是一篇可供单独引用的完整的短文。

(2)自明性。即读者只阅读摘要,不阅读文献的全文,就能获得必要的信息。

(3)独立性。即摘要离开原文能独立存在,可作为文摘单独使用。

(4)简要性。即行文简练、简明扼要。

(5)对论文内容不加评论,不解释文题。

(6)排除在本学科领域方面已成为常识的或科普知识的内容。

(7)要客观如实地反映原文的内容,要着重反映论文的新内容和作者特别强调的观点。

(8)要求结构严谨、语义确切、表述简明、一般不分段落;切忌发空洞的评语,不作模棱两可的结论。

(9)要采用规范化的名词术语,不用非共知共用的符号及名词术语。

(10)不使用图、表或化学结构式,以及相邻专业的读者尚难于清楚理解的缩略语、简称、代号。如果确有必要,在摘要中首次出现时必须加以说明。

(11)不使用文中列出的章节号、图号、表号、公式号以及参考文献号。

(12)要求使用法定计量单位以及正确地书写规范字和标点符号。

(13)众所周知的国家、机构、专用术语尽可能用简称或缩写。

(14)中文摘要要求一般为 200~300 字。英文摘要不宜超过 250 实词,过去时态叙述作者工作,现在时态叙述作者结论。

5. 摘要注意事项及举例分析

目前已有大量学者对摘要撰写要点、存在问题及修改对策等进行了深入研究

（张凤和周望舒，2009；马倩，2010；王晓华 等，2010；黄小英 等，2013；金丹 等，2014；周志超，2018）。气象学术论文摘要必须在全文完稿之后，在认真琢磨论文主题及主要内容基础上撰写。撰写摘要时应注意以下 9 个方面。

（1）结构要素残缺。对摘要的重要性认识不足，没有按照摘要应具有的基本要素去认真撰写，结构要素残缺，大大减少了摘要的信息量，无法满足读者获得必要信息的要求，也不利于二次文献的检索和利用，因而必须加以避免。

（2）摘要中应排除本学科领域已成为常识的内容，切忌把应在引言中出现的内容写入摘要；也不要对论文内容作诠释和评价（尤其是自我评价），国际标准和国家标准在对摘要的界定中都明确要求摘要"不加解释或评论"，但有些作者并不理会这一点，仍然经常使用"奠定了理论基础""找到了可靠的依据""具有极为重要的参考价值"等评价性语言。

（3）不得简单地重复文章题目中已经表述过的信息。许多学术论文摘要是对文题的解释，信息价值低，可读性差。主要原因在于简单重复文题已有的信息，忽视了对摘要结构四要素即目的、方法、结果、结论的表述，使摘要形同虚设，失去了应有的作用。

（4）语言不够精炼、逻辑性不强。由于学术论文摘要的特殊功能，要求作者在撰写摘要时必须注意语言的精确性、简练性和逻辑性，以免使读者陷入众多的非信息成分的干扰之中，造成理解上的失误，从而影响其进一步阅读全文的兴趣。摘要要求结构严谨，语义确切，表述简明，摘要先写什么，后写什么，要按逻辑顺序来安排。句子之间要上下连贯，一气呵成，互相呼应。一般不分或力求少分段落；忌发空洞的评语，不作模棱两可的结论。没有得出结论的文章，可在摘要中作扼要的讨论。摘要慎用长句，句型应力求简单。

（5）使用第三人称。建议采用"对⋯⋯进行了研究""报告了⋯⋯现状""进行了⋯⋯调查"等记述方法表明一次文献的性质和文献主题。不要使用"本文""作者"等第一人称的称谓作为摘要陈述的主语，以及"笔者认为""提出了自己的看法""笔者试作粗浅的探讨"等。

（6）要采用规范化的名词术语，不用非公知公用的符号和术语。尚未规范化的，以采用一次文献所用为原则。如新术语尚无合适的中文术语译名，可使用原文或译名后加括号注明原文。

（7）除了实在无法变通以外，一般不使用图、表、数学公式或化学结构式，以及相邻专业的读者尚难以理解的缩略语、简称、代号。如果确有必要，在摘要首次出现时必须加以说明。

（8）不使用一次文献中列出的章节号、图号、表号、公式号以及参考文献号等。

（9）摘要的内容超出论文的信息量。

较好摘要的范例。

【示例1】

标题:冬季赤道太平洋不同类型海温异常表征指数的再构建(**论文**)

摘要:利用 1963—2013 年 Hadley 中心月平均海表温度资料,以及 NCEP/NCAR 再分析资料,根据两类厄尔尼诺事件发生时北半球冬季赤道太平洋地区海温异常的不同空间分布特征,即赤道中太平洋 CP 型和东太平洋 EP 型海温异常空间分布,从寻找与之相似的空间型角度出发,设计了一组新的海温异常指数 ICP 和 IEP。与以往 ENSO 指数相比,新指数组 ICP 和 IEP 不仅表示了空间上相互独立的海温异常分布,而且在相同的研究时段内,因时间域上相互独立而能更好地表征和区分两类 El Niño/La Niña 事件。据此,采用该新指数组探讨了与中部型和东部型海温异常事件相关的热带太平洋的主要海气耦合特征。结果表明,与传统的东部型 El Niño 事件发生时最大暖海温中心位于赤道东太平洋地区不同,中部型 El Niño 事件,异常增暖中心位于赤道中太平洋。中部型时异常 Walker 环流的上升支向西偏移,异常降水集中于热带中太平洋,不似东部型时异常限定于赤道东太平洋地区。不论哪类事件,海洋性大陆均可受到影响,即 CP 或 EP 型 El Niño 发生时,海洋性大陆区域降水偏少。但比较而言,中部型 ENSO 对海洋性大陆区域的影响更大。

【示例2】

标题:城市热岛和海风环流相互作用的数值模拟研究进展(**综述**)

摘要:在沿海城市地区,城市热岛环流和海风环流往往同时存在;它们在空气污染物的传输和扩散中均起至关重要的作用,对强对流天气亦有重要的触发(诱发)作用。随着城市化的发展,空气污染等环境问题变得越来越严峻,突然性强对流天气所造成的灾害也越来越严重。因此,沿海城市地区城市热岛和海风环流相互作用的研究受到日益广泛的关注。本文回顾了近30 a 来国内外关于城市热岛和海风环流相互作用数值模拟的研究历史,分析了目前的研究现状及存在的一些问题,概述了城市化、城市热岛对海风环流的影响,海风对城市热岛、城市热岛环流的影响,以及城市热岛环流和海风环流的耦合效应。最后,本文提出了一些有待于研究或需深入研究的问题;这些问题的研究将有助于进一步揭示沿海城市地区空气污染动力学机制、强对流天气触发机制。

【示例3】

标题:南亚高压位置与中南半岛和青藏高原热源变化的关系(**短论**)

摘要:利用 1948—2011 年 NCEP/NCAR 逐日再分析资料,采用倒算法计算了亚洲地区大气热量源汇的值,分析了中南半岛和青藏高原地区大气热源的候变化特征及南亚高压的位置与两个地区热源变化的关系。结果表明,中南半岛地区上空大气在 12 候由冷源转变为热源。当中南半岛地区大气热源与东西相邻地区热力梯度减小,且孟加拉湾、中南半岛和菲律宾群岛地区的大气都为热源时,南亚高压中心西移到中南半岛上空。当青藏高原大气热源进入一年中的极大值区时,南亚高压中心盘踞在高原上空,当高原上空大气转变为冷源时南亚高压中心退出高原。中南半岛地区的大气热源对南亚高压的西移有触发作用,而南亚高压中心在青藏高原上空的建立与退出,和高原大气热源的强度和大气环流的突变有关。

不合理摘要示例及其修改。

【示例 1】

摘要:众所周知,台风中存在各种波动,时常有强风和强降水发生,因而波作用理论在台风降水中的应用就显得尤为重要。同时大暴雨通常出现在强辐合区,因此降水与风场的辐合、辐散的位置也密切相关。围绕与登陆台风强降水相关的这两个特点,本文首先从观测资料出发,诊断分析找出与登陆台风暴雨区相关的波动特征以及辐合辐散特征,进而通过中尺度非静力数值模式 WRF 开展高分辨率数值模拟,并利用高分辨率模拟资料,采用可以表征强降水区辐合辐散特征和波动特征的两个动力参数,对登陆台风"凤凰"的强降水过程开展了模拟诊断分析,最后针对与登陆台风强降水过程紧密相连的波扰动和辐合辐散两个特征,建立了一个新的动力因子——扰动热力散度参数,并利用该因子对登陆台风"凤凰"的强降水过程开展了进一步的模拟诊断研究。结果表明:在整个研究时段内,扰动热力散度参数的异常值区始终覆盖在地面雨区之上,二者的空间分布和时间演变趋势也比较一致,并且降水区内的扰动热力散度参数表现为强信号,而非降水区表现为弱信号,扰动热力散度参数对强降水落区有较好的指示作用。

分析评价:①科技论文摘要要直入主题,不要加如"众所周知"这种修饰性词语。②摘要层次要清楚,让读者通过阅读摘要就能知道该篇论文的目的、方法、结果、结论。

修改好的摘要:台风中存在各种波动,时常伴有强降水发生,因而波作用理论在台风降水中的应用就显得尤为重要(**目的**)。大暴雨通常发生在强辐合区,因此降水与风场的辐合辐散的位置也密切相关。围绕与登陆台风强降水相关的这两个特点,利用高分辨率的数值模拟资料,采用表征强降水区辐合辐散特征和波动特征的两个动力参数:散度垂直通量和位势散度波作用密度,对登陆台风"凤凰"的强降水过程开展了诊断分析,结合波扰动和辐合辐散两个特征,发展了一个新的物理量:热力切变散度参数(**方法**)。利用该参数对台风"凤凰"的强降水过程开展了进一步的诊断研究,结果表明,在整个研究时段内,热力切变散度参数的异常值区始终覆盖在地面雨区之上,二者的空间分布和时间演变趋势也比较一致(**结果**)。基于 GFS 预报产品的动力释用分析表明,利用数值预报场计算的热力切变散度参数在强降水阶段呈现强信号,而非降水区呈现弱信号,该参数对强降水落区有较好的指示作用(**结论**)。

【示例 2】

摘要:近年来,气候变化研究成为热点问题,生物对于未来气候变化的适应能力也成为了研究焦点。本文通过综述已有文献探讨气候变化适应性的理论基础,以弥补已有研究着重实验研究,忽略理论问题的现状。本文对于适应性和表型可塑性两个概念的含义进行分析,指明适应性概念应当统一到表型可塑性概念上去,但同时应当注意适应性与表型可塑性概念之中也存在有差异。在统一了两个概念的基础上,本文进一步探讨了气候变化适应性的 4 个重要的理论问题,总结了研究的不足,并通过分析得出相应的结论:适应性和可塑性能力的定义应当包含胁迫生境和非胁迫生境两层不同的含义;表型可塑性的收益成本分析是理解适应性和表型可塑性能力的基础;分析适应性和表型可塑性与生物个体适合度关系时,应注意反应范式指标选取;表型最优化分析方法应当是未来气候变化适应性模拟的一个发展方向。在分析探讨概念和理论问题时,本文结合作者自己关于植物光合作用与呼吸作用的温度适应性研究为实例进行阐述。在文章最后研究展望中,对应于每一个探讨的理论问题,都给出了气候变化适应性研究的发展前景和新的思路,表明了概念与理论的探讨是基础,对于研究有重要的推动作用。

分析评价:这是一篇综述论文摘要,从中可以看出几处明显的"硬伤",首先,第一句背景知识介绍是不需要的;其次,后文多处出现的"本文"也是学术论文中忌讳出现的用词;最后,内容也相当繁琐,未能体现摘要提炼全文重点的特征。

修改好的摘要:对适应性和表型可塑性概念进行分析,认为适应性概念与表型可塑性概念既统一,但又存在差异;进一步探讨适应性的 4 个重要的理论问题指出:适应性和可塑性能力应包含胁迫生境和非胁迫生境两层含义;表型可塑性的收益成本分析是理解适应性和表型可塑性能力的基础;分析适应性和表型可塑性与生物个体适合度的关系时,应注意反应范式指标的选取;表型最优化分析方法应当是适应性模拟的一个发展方向。

【示例 3】

摘要:应用观测站资料对国家气候中心提供的中国地区预估数据集在河北地区进行检验分析,结果发现:(1)7 月降水量,区域模式在张家口南部桑洋河盆地地区和北部坝上地区存在模拟值偏大的系统偏差,而在北京东边兴隆高山区和东南沿海地区存在模拟值明显偏小的系统偏差。(2)7 月最高气温,在北京东边兴隆高山区和东部平原地区模拟值明显偏高的系统偏差,而在张家口南部桑洋河盆地和太行山东侧模拟值偏低的系统偏差。(3)1 月最低气温,在北京东边兴隆高山区、太行山北段高山区和东部平原地区模拟值偏高、张家口南部桑洋河盆地和太行山东侧模拟值偏低的系统偏差。(4)无论是对降水还是气温,全球模式由于空间分辨率偏低,很难描述河北地区地形特征,模拟结果很差。区域气候模式由于分辨率的提高,对河北地形特征描述有了一定改进,模拟效果明显提高。但由于分辨率的限制,对局部地形如兴隆高山、桑洋河盆地、太行山北部高山等地形特征描述还不是很好,造成模拟值在这些地区出现系统偏差,应用这些数据时需要加以订正。

分析评价:该摘要存在语言不够精炼、逻辑性不强的问题。如"7 月降水量,区域模式在张家口南部桑洋河盆地地区和北部坝上地区存在模拟值偏大的系统偏差,而在北京东边兴隆高山区和东南沿海地区存在模拟值明显偏小的系统偏差。"应修改为"7 月降水量,区域模式在张家口南部桑洋河盆地和北部坝上地区的模拟值偏大,而在北京东边兴隆高山区和东南沿海地区的模拟值明显偏小。"

修改好的摘要: 应用观测资料对中国地区预估数据集进行检验分析。结果表明:1)7 月降水量,区域模式在张家口南部桑洋河盆地和北部坝上地区的模拟值偏大,而在北京东边兴隆高山区和东南沿海地区的模拟值明显偏小。2)7 月最高气温,在北京东边兴隆高山区和东部平原的模拟值明显偏高,而在张家口南部桑洋河盆地和太行山东侧的模拟值偏低。3)1 月最低气温,在北京东边兴隆高山区、太行山北段高山区和东部平原地区的模拟值偏高,而在张家口南部桑洋河盆地和太行山东侧的模拟值偏低。4)无论是对降水还是气温,由于全球模式的空间分辨率偏低、很难描述河北地区的地形特征,所以模拟结果很差。由于区域气候模式的分辨率提高、对河北地区地形特征的描述有了改进,所以模拟效果有明显改善;但受分辨率所限,它对局部地形如兴隆高山、桑洋河盆地、太行山北部高山等地形特征的描述不是很好,造成模拟结果在这些地区出现系统性偏差,因此应用这些数据时需加以订正。

《大气科学学报》退稿论文摘要示例。

【示例 4】

摘要: 本文介绍了利用多普勒天气雷达风廓线产品(VWP)计算风暴相对螺旋度的方法,通过对 2014 年上海入汛后梅雨期间的两次降水过程、7 月份两次短时强降水和一次雷电暴雨强对流过程的实例分析,说明风暴相对螺旋度能够作为一个短时临近强天气预报的预报因子,其开始增大的时刻都提前于强降水开始发生时刻1-2 h,并且利用风暴相对螺旋度能够代表雷达站上空大气的垂直运动这一特性,对 ECMWF 预报的垂直速度在时间序列上进行检验,说明风暴相对螺旋度可以作为对 ECMWF 预报的垂直速度的检验因子来检验 ECMWF 对可能发生强降水时段预报的准确度,从而在业务中对短期预报有一定的应用价值。

分析评价: 1)不要出现"本文"用词;2)用词不规范,如"7 月份"写成"7 月"即可、"1-2 h"应为"1~2 h";3)不能进行自我评价"从而在业务中对短期预报有一定的应用价值";4)该摘要最大的问题是看不出论文的创新性。

【示例 5】

摘要: 随着社会经济的快速发展,更精细、更准确的中小尺度数值预报越来越重要。本文首先评估了 WRF 模式在济南地区的模拟性能,然后对比研究地形和土地利用对模式模拟性能的影响。结果表明:WRF 模拟夏季夜间低空急流偏强,模拟比湿存在明显的系统偏差;WRF 模式低估了近地面比湿,高估了近地面风速,可能与 YSU 边界层参数化方案模拟白天边界层内的混合作用偏强有关;10-m 风速的均方根误差(RMSE)与地形、坡度和模式格点与观测站点的地形偏差相关性显著,与坡度的相关系数最大;2-m 气温的 RMSE 仅与地形偏差相关性显著,在复杂地形区比较站点观测气温与模式格点气温时,应要考虑地形偏差的影响。

分析评价:1)不需要介绍背景知识,如"随着社会经济的快速发展,更精细、更准确的中小尺度数值预报越来越重要";2)不要出现"本文"用词;3)用词不规范,如"2-m 气温"应为"2 m 气温";4)该摘要存在的主要问题为:一是结果不具体,泛泛而谈,如"WRF 模拟夏季夜间低空急流偏强,模拟比湿存在明显的系统偏差",偏差是什么呢? 没有交代。二是结论存在不确定性,如"可能与 YSU 边界层参数化方案模拟白天边界层内的混合作用偏强有关",出现了"可能"这种用词。应根据论文结果实事求是明确关系。

3.2.2 关 键 词

关键词也称主题词,是最具实质意义的检索语言。关键词是科技论文的文献检索标识,是表达文献主题概念的自然语言词汇(饶华英,2006;张秀平,2015;屈李纯和霍振响,2019)。它是从论文中选取出来的,最能体现文章内容特征、意义和价值的单词或术语。按照 GB/T 3179—1992《科学技术期刊编排格式》规定,现代学术期刊都应在学术论文的摘要后面给出 3~8 个关键词,写在"摘要"之下,词与词之间用分号";"隔开。科技论文的关键词是从其题名、层次标题和正文中选出来的,能反映论文主题概念的词或词组。

1. 关键词的选取方法

关键词的选取范围:取自文献本身,依次为题名、摘要、各级小标题、全文等,以题名最为可取。

关键词的选取顺序:关键词的排列顺必须有利于清楚明晰地、层层深入地反映论文主题。一般地,标引顺序应为研究目的、研究类别、研究方法、研究结果。对于同一序列的 2 个或多个具有属种关系或在深浅程度上有差异的关键词,应按属种关系或由浅到深的顺序排列。

关键词的选取词类:作为关键词的词或词组,应采用名词或动名词,不能用动词、形容词以及无实际检索意义的量词、介词、连词、代词、感叹词等。

2. 关键词选用常见问题及举例分析

关键词选用的恰当与否,关系到该文被检索概率和成果利用率的高低。关键词选取常出现以下问题。

(1)揭示主题不深,遗漏主题信息。

(2)通用词汇多,专职词汇少。要避免如数值模拟(预报)、研究、变化、评估等词的使用。

(3)标引深度不恰当。

(4)逻辑关系混乱。

(5)词性不明,信息冗余。

较好关键词的范例。

【示例 1】

题名:陆面过程模式 CLM4.5 在半干旱区退化草原站的模拟性能评估

关键词:CLM4.5 模式;辐射通量;水热通量;土壤温湿;模拟性能评估

【示例 2】

题名:中国近 50 a 极端降水事件变化特征的季节性差异

关键词:极端降水事件;年际和年代际变化;长期趋势;季节性差异

不合理关键词的示例。

【示例 1】

题名:2002 年 6 月 14—15 日暴雨的诊断分析和数值试验

关键词:强降水;诊断分析;云迹风;同化

分析:存在三个问题,一是与主题不一致,"强降水"应为"暴雨";二是关键词逻辑混乱;三是通用词汇过多,如"诊断分析""同化"。

【示例 2】

题名:湖北省积雪时空特征分析

关键词:积雪;时空特征;环流背景;气象要素

分析:气象要素作为关键词太广,应该具体化,如变温、变压等。

【示例 3】

题名:热力强迫对澳洲北部越赤道气流强弱变化的影响

关键词:越赤道气流;强迫因子;强弱变化

分析:遗漏论文主要信息,通过阅读论文,发现应有关键词"环流因子"。

3.3　基金资助项目和致谢

3.3.1　基金资助项目

1. 基金资助项目的写作要求

科学基金是世界各国对科学研究所采用的一种最重要的资助形式,也是保障某些研究领域快速发展,集中资源多出优秀成果的重要手段(郭建顺 等,2003)。一般来说,由各种科学基金资助的研究成果在一定程度上体现了科研工作的质量和水平。因此,在各种期刊上发表的由各类科学基金资助所产出的论文数量的多少(基金论文刊载率或基金论文比),已成为衡量该刊学术水平的一项重要指标。为此,各个期刊都非常注重基金项目的标注,规定了基金项目在论文中的标注位置及表达形式,并有具体的要求(陈沙沙和刘春平,2008)。

基金项目著录的正确、完整与否直接影响到期刊的评价(基金论文比)、基金项目信息统计的准确性。因此应重视基金项目的著录,按照《中国学术期刊(光盘版)检索与评价数据规范》和基金管理办法的要求规范著录基金项目,使其成为可检索、可利用的信息资源。

(1)基金项目一般放在论文篇首页地脚处。

(2)基金项目的名称应该正确、项目编号不能缺少。

(3)表达形式为:科学基金名称+资助项目+(项目编号)。例如:国家自然科学基金资助项目(10271049)。

2. 大气科学常见基金资助项目的写法

(1)国家自然科学基金资助项目(41175065;41530427)

(2)国家重点基础研究发展计划(973计划)项目(2015CB453201)

(3)公益性行业(气象)科研专项(GYHY201306028)

(4)中国气象局气候变化专项(CCSF201338)

(5)江苏省自然科学基金资助项目(BK20131431)

(6)江苏高校优势学科建设工程资助项目(PAPD)

(7)江苏省高校自然科学研究项目(13KJB170013)

(8)江苏高等学校优秀科技创新团队计划项目(PIT2014)

(9)辽宁省气象局科学技术研究项目(201502)

(10)辽宁省科技厅农业攻关及产业化项目(2015103038)

(11)南京信息工程大学人才启动经费(2015r035;2014r006)

(12)福建省自然科学基金资助项目(2014J01147)

(13)中国气象局武汉暴雨研究所开放基金(IHR2008K01)

(14)江苏省普通高校研究生科研创新计划资助项目(CXLX13_483)

(15)湖北省气象局重点项目(2015Z03)

(16)中国科学院战略性先导科技专项(XDA05090202)

(17)国家自然科学基金重点资助项目(2014g109)

(18)科技部国际合作专项(2014DFA90780)

(19)中央高校基本科研业务费专项资金资助(NJ20140015)

(20)国家海洋局青年海洋科学基金项目(2012227)

(21)国家科技支撑计划项目(2009BAC51B00)

3.3.2 致谢

一篇气象学术论文的写成,必然要得到多方面的帮助。对那些付出劳动并且做出一定贡献但又不足以列为合著者的个人或机构,在论文发表时以"致谢"的形式予以公开认定并表示感谢,是十分必要的(陈军,2004;朱德培和陈琚,2006;朱大明,2010,2017)。国外一些重要科技期刊对论文的"致谢"相当重视,附有"致谢"的文章比例达到 50％以上(宗淑萍,2011)。

1. 致谢的写作要求

致谢的文字要精练、致谢的对象要明确。资料获取、图表制作、文字录入、程序计算等都可作为致谢的对象,与署名作者是有差别的。致谢内容主要有以下几个方面。

(1)致谢对象对论文的选题、思路、观点、论证所给予的指导、启发或探讨。

(2)致谢对象对论文的审阅提出的重要修改、补充意见或建议。

(3)致谢对象对论文提供的重要参考文献或未发表的数据、图表或照片资料。

(4)致谢对象承担或协助的部分实验及数据处理工作或资料收集工作。

(5)致谢对象提供实验材料、仪器设备使用等方便。

(6)致谢对象提供的资金或基金资助。

致谢的表达方式为:国外的致谢长则几百字词,短则几十字词,其致谢无论是详细的还是简短的,表达都具体,明确。国内致谢一般用"本文"开头的句式较多,并且语句一般比较简单,笼统,往往只有一两句话,概括地对某人致谢。

一般清况下,作者应在论文的结论之后、参考文献之前书面致谢,其顺序最好依照贡献大小排列。对被感谢者需告之并征求意见,可以直书其名,但应贯以敬称,如"×××院士""×××教授"等,尤其要注意不能把他们的工作单位和姓名写错。致谢的言辞应体现诚恳的态度和热忱的心情,词语恳切,内容实事求是,而不应是客套语、更不能使人有轻浮、吹嘘感觉。致谢中应避免滥用"致谢"而行"公关",以示"攀附名流"。总之,致谢内容应简短中肯,情真意切,使人读起来深感欣慰自然。

2. 致谢的举例分析

【示例 1】

(**致谢**:感谢南京信息工程大学李忠贤博士在模式调试过程中的大力帮助!)

分析:感谢的是李忠贤博士,而不是"大力帮助";无必要加括号。

建议改为:

致谢:在模式调试过程中,南京信息工程大学李忠贤博士给予了大力帮助,谨致谢意。

【示例 2】

致谢:余斌为曾就读于南京气象学院,并能在朱乾根教授的指导下取得硕士学位感到荣幸。朱先生是将余斌引入研究生涯的最重要的导师之一。他的科学洞察力以及正直、热情和耐心使余斌深受鼓励。同时,余斌也感激朱先生与师母李教授在我学习期间给予的生活上的关心和学业上的指导。作者也感谢两位匿名审稿专家对该研究所提供的有益评论和建议。本文为纪念朱乾根教授而作。感谢智协飞教授对稿件的关心以及赵文涣、倪东鸿编审对译稿所付出的努力。

【示例3】

致谢:谨以此文纪念我十分敬重的硕士导师朱乾根教授! 同时,感谢 Gilbert Brunet 和 Jacques Derome 博士对我们相关文章所做的工作。感谢加拿大 HFP 项目的同事提供的数据。

【示例4】

致谢:国家卫星气象中心李晓静副研究员帮助获取黑体亮温卫星资料,在此表示感谢!

【示例5】

致谢:感谢中国科学院大气物理研究所"大气科学和地球流体力学数值模拟国家重点实验室"李立娟博士、包庆博士、吴波博士等在模式调试等方面提供了诸多帮助!

3.4　论文主体部分写作

3.4.1　引言

引言是论文的开头部分,又称前言、导言。它写在论文之前,用来说明论文研究的缘起、对象、目的、意义、研究方法及相关领域里前人的工作基础,以使读者了解能从论文中获得什么或解决什么问题(邓建元,2003)。一段有水平的引言往往在作者阐述写作目的的同时,引起读者阅读正文的兴趣,激起读者追求知识的愿望。

1. 引言的内容

引言是论文的开场白。引言的内容通常涉及以下几个方面(陈军,2004;李胜,2015;杜秀杰和赵大良,2018)。

(1)研究的必要性(存在的问题):原来存在什么问题,提出了什么要求,说明这项研究的意义。

(2)历史的问题:对于存在的问题,前人进行了怎样的研究,介绍其大概情形。

(3)前人研究中存在的不足:考察前人研究后,发现什么不足,介绍自己的研究动机。

(4)写作论文的目的和作者的想法:写作目的和涉及的范围,研究结果的适用范围,研究者的建议,研究的新特点。

(5)作者的处理方法和研究结果简介:引用从具体数字计算出的数据,介绍研究的经过和结果。

作者在编辑论文的过程中,发现不少作者不了解引言的内容,或者写得太多,长达上千字,如同一篇文献综述;或者写得太少,只谈作者做了什么工作,以至读者并不明确作者为什么要做这项工作。引言的基本内容包括论文的研究背景、论文的创新性、论文的应用前景三个方面。

(1)论文的研究背景。一篇论文的基础源于某项研究,而该研究的意义即为什么做这项工作,就形成了研究背景。

【示例 1】

洋中槽(Tropical Upper Troposheric Trough,TUTT),又称热带对流层上部槽,是暖季形成于太平洋和大西洋中部热带地区对流层上部的低压槽。洋中槽多出现在 300 hPa 等压面以上的高度,而在 200 hPa 等压面最为明显。它们由大洋东部向西南延伸,贯穿整个大洋中部。作为 200 hPa 热带和副热带的大气环流行星尺度系统之一,洋中槽对大洋气候以及天气系统的演变具有重要的影响。

【示例 2】

东北是我国粮食的主要产区,夏季是东北农作物的生长季节,同时也是降水集中的季节,降水量的多少及其分布是影响粮食产量的重要因子。因此,研究东北夏季降水对保障我国粮食的生产安全具有非常重要的意义。目前,对东北夏季降水的研究已取得一系列成果。

(2)论文的创新性。创新性在大气科学论著中占有尤其重要的地位,甚至在审稿阶段,是审稿人决定让论文通过与否的重要依据。作者创新之处的叙述在简明扼要的前提下,应尽量具体,仅仅一句"⋯⋯未见文献研究"恐怕是没有说服力的。

【示例 1】

以往的研究多着眼于洋中槽的结构以及它对热带气旋发生发展的影响,而对洋中槽的年际变化规律很少涉及。基于此,本文首先定义了一个能很好反映夏季北太平洋洋中槽强度的强度指数,并探讨了其年际变化特征及成因以及洋中槽强度变化与北美地面气温的联系。

【示例 2】

基于热带风场在 ENSO 与东亚季风的年际相互作用过程中的纽带作用,本文拟从热带太平洋月平均低层环流异常主模态及其变异角度分析其与东亚大气环流的关系,进一步探讨热带太平洋海气系统的时空变化特征及其与东亚大气环流的可能联系。

(3)论文的意义或应用前景。任何研究工作都有其潜在的用途。在引言的结尾处指明本工作成果可起到何种作用,无疑会给读者一个完整的概念,也是吸引读者继续精读论文的一种手段。

【示例1】

上述分析表明,影响东北夏季降水的大气环流因素已经得到大量研究,但是上述研究并未考虑东北夏季降水分布存在地域差异这一情况。为此,本文将系统分析东北6月、7月、8月不同降水型及其与大气环流的联系,探讨导致东北夏季各月不同降水分布特征的大气环流形势,期望为东北夏季旱涝预测做出贡献。

【示例2】

……因此夏季热带大西洋SST异常可能会通过影响WNP上的大尺度环流来调节TC的生成。如果热带大西洋SST异常和WNP TC之间也存在显著的同期的相关关系,一方面可以说明春季热带大西洋SST异常对WNP TC活动的远程影响可以持续至夏季,热带大西洋海温可以成为一个很好预测因子应用到WNP TC活动的气候预测中;另一方面也可以为WNP TC活动的季节监测提供参考。

2. 引言的写作要求

引言的写作要求如下:

(1)引言的写作应该开门见山,言简意赅。气象读者阅读论文的目的是想更多地了解最新的研究动态,在写引言的时候,不要叙述一些基本原理、介绍一些浅易的知识,不要过多的旁征博引,一开始就要直奔主题。

(2)对题意可作必要的说明,但不应过多地叙述本领域大家所熟悉的知识及教科书已有的基本理论、实验方法等常识性内容;若确有必要提及他人的研究成果和基本原理,只需要以参考文献的形式引出。

(3)要客观地、实际地、科学地叙述论文的研究意义,避免说废话、大话、空话或套话;切忌使用"填补了国内外空白"等不适之词或贬低别人之词,也不要用"才疏学浅""水平有限""恳请指教"之类的客套话。作者最好不作自我评价。

(4)不能与摘要相重复,或变成摘要的注释。有的作者在引言的后部分常常把摘要完全重复一遍,其实读者刚刚看完摘要,已大致明白了课题所采用的方法及结论,引言处不应与摘要重复。

(5)引言应与结论前后照应。引言中提出"为什么研究这个问题",结论应回答"研究的结果说明了什么"。

(6)应有一定量的新文献。一般情况下,作者在开题时比较全面地查阅了相关文献,但完成课题并写作论文往往是1年之后,应把这期间的研究动态体现出来,作者应重新全面查阅或补加新的文献。

(7)系列论文的引言不要重复。通常,一个较大的研究课题,作者可以写出数篇论文,即系列论文。系列论文的引言部分常常会大量重复,引用的文献也几乎相同,不仅浪费版面,而且无形中读者阅读时容易割断与上篇论文的联系。因此,在第一篇论文引言中已经详尽地介绍了课题的相关情况,那么第二篇论文只需简单的几句话来起一种转接第一篇论文的作用,有兴趣的读者可以根据文献的提示去查阅前文的内容。

(8)引言最好不要出现插图、表格和数学公式的推导证明。

3. 引言举例分析

【示例】

随着数值模式在天气预报中的广泛使用,人们越来越重视模式中各种物理过程的参数化方案的应用。热带气旋强度预报是当前难点之一。大量研究表明各种物理参数化过程对热带气旋模拟有着显著的作用(Lord et al. ,1984;Braun et al. ,2000;Wang,2002;Zhu and Zhang,2006)。Fovell et al. (2007)研究指出云微物理过程可以改变热带气旋的结构和路径。通过"半理想化模型",Fovell et al. (2009)进一步发现:在热带气旋区域内,不同云微物理参数化方案的选择会导致热带气旋结构存在差异,尤其在眼墙附近的大风区范围内。基于"β漂移"效应对台风尺度的敏感性,这将进一步影响热带气旋的路径(Holland,1983;Fiorino and Elsberry,1989;Fovell and Su,2010)。此外,云辐射强迫效应是一个复杂的过程,很大程度上取决于云微物理参数化。当水汽凝结物的浓度和分布不同时,云辐射强迫作用也必然不同(Bu et al. ,2014)。Ge et al. (2014)发现太阳辐射日变化对热带气旋发展和结构具有一定的影响。由此可见,云辐射强迫作用是当前模式预报中一个重要的不确定因素。因此,本工作将开展云辐射强迫对热带气旋作用的敏感性研究,主要探讨其对台风发展及结构的可能影响。

本文的具体内容如下,第二部分描述数值模式及敏感性试验设计;第三部分进行了试验结果对比,主要针对热带气旋发展、结构等方面的差异进行分析;最后给出了总结和简单的讨论。

分析:该引言既没有指出已有研究的局限或不足,也没有表达清楚本文的创新之处,使一般读者不明确本文与已有研究有何不同。给人的感觉仅仅的文献的罗列而已。修改中要注意:1)明确研究的现状,重点是存在的问题,没有问题就没有继续研究的必要;2)体现对现状的概括能力,避免罗列文献题名;3)指明论文解决问题的途径和效果。

修改后:

热带气旋的强度和结构受很多因素的影响,研究其强度和结构一直受到气象学者的高度重视(王伟和余锦华,2013;李肖雅 等,2014;李杭玥 等,2015)。大量研究表明,热带气旋的内部因子、环境气流与边界层的相互作用以及海洋热力变化等对热带气旋的强度和结构具有重要影响。热带气旋的内部因子包括眼墙及螺旋雨带的特征(陈联寿和丁一汇,1979)、眼墙的替换(Wang,2001;Sitkowski et al. ,2012)以及对流的非对称分布(翁之梅 等,2012);有关环境气流与边界层相互作用方面主要包括环境流场的垂直切边等对 TC 的作用(沈阳 等,2012)以及下垫面等外界环境与 TC 环流的相互作用等(Duan et al. 1998;2000);热力过程主要包括 TC 热力结构变化(王瑾和江吉喜,2005)以及海洋热力变化(端义宏 等,2005)对 TC 强度的影响等。

随着数值模式在天气预报中的广泛使用,人们越来越重视模式中各种物理过程的参数化方案的应用。许多研究表明各种模式物理参数化过程对热带气旋模拟有着显著的作用(Lord et al. ,1984;Braun et al. ,2000;Wang,2002;Zhu and Zhang,2006)。Fovell et al. (2007)研究指出云微物理过程可以改变热带气旋的结构和路径。通过"半理想化模型",Fovell et al. (2009)进一步发现:在热带气旋区域内,不同云微物理参数化方案的选择会导致热带气旋结构存在差异,尤其在眼墙附近的大风区范围内。基于"β 漂移"效应对台风尺度的敏感性,这将进一步影响热带气旋的路径(Holland,1983;Fiorino and Elsberry,1989;Fovell and Su,2010)。而云辐射强迫效应是一个复杂的过程,很大程度上取决于云微物理参数化。当水汽凝结物的浓度和分布不同时,云辐射强迫作用也必然不同(Bu et al. ,2014)。Ge et al. (2014)发现太阳辐射日变化对热带气旋发展和结构具有一定的影响。由此可见,云辐射强迫作用是当前模式预报中一个重要的不确定因素。因此,本工作将开展云辐射强迫对热带气旋作用的敏感性研究,主要探讨其对台风发展及结构的可能影响。

丁一汇和孔军(1988)基于三维数值模式研究了辐射对热带气旋的影响。结果表明辐射过程使得模式气旋发展得更早、更强,但最后达到稳定状态的强度则差别不大。在发展阶段,有辐射的模式气旋有更快的地面气压加深率,更强的低空最大风速和上升运动,更明显的眼区和眼壁等。虽然该模型良好的再现了热带气旋的发展过程,但这种较为简单的数值模型(水平和垂直方向分辨率较低,物理参数化过程不够完善)限制了对其物理机制的研究。为了解决这个问题,本研究使用了更为成熟的 WRF-ARW 数值模式,试图通过比较 TC 强度和结构的演化特征,揭示云辐射强迫效应对 TC 发展和结构的影响的物理机制。

本文的具体内容如下,第二部分描述数值模式及敏感性试验设计;第三部分对试验结果进行对比,主要针对模式考虑云辐射强迫与否对热带气旋发展、结构等方面的差异进行分析;最后给出了总结和简单的讨论。

3.4.2　正文

正文是科技论文的核心组成部分,正文应充分阐明论文的观点、原理、方法及具体达到预期目标的整个过程,要突出一个"新"字,反映论文所具有的首创性(宗淑萍,2011)。撰写科技论文不要求有华丽的词藻,但要求论点明确,论据有力,层次清楚,重点突出;用语要简洁准确、明快流畅;内容要客观、科学,要让事实和数据说话,要符合论文的撰写规范。

正文包括研究对象、研究方法、研究结果等几部分。试验与观测、数据处理与分析、试验研究结果的得出是正文的主要部分，应予以详细论述；要尊重事实，在资料的取舍上不应掺入主观成分。论证时应文字精准、逻辑性强、详略恰当、图表适当，应避免"大杂烩"、"浅尝辄止"、"详略不当"或者"拼凑成文"。

撰写气象学术论文是一种综合性训练，运用学过的基本理论、基础知识和基本技能，就某一方面的大气科学问题论述自己的认识，表述自己的观点，是逻辑思维、文字表达、分析问题及解决问题能力的综合体现。

（1）内容要层次分明、结构严谨、文字通顺、语言生动。论文各部分应详略得当：应主要写作者的见解和工作，把自己的创新写深写透；注意综合与分析。论文要突出特色：对同行皆知、无创新的内容须略写，多写遇到的特殊困难和自己所提出的解决方法，使读者能看到作者的创意。论文要突出层次：可在一节中分若干小标题来写。

（2）理论研究论文，要有理论证明、有理论建树；算法研究论文，要提出新的或改进的算法，并给出相应的数值实验结果，以验证算法；综述类论文，要有述有评有比较。

（3）文内标题力求简短、明确，题末不用标点符号（问号、叹号、省略号除外）。层次不宜过多，一般不超过 5 级。大段落的标题居中排列，可不加序号。

（4）文字、标点符号、插图、表格、量和单位、数字用法、参考文献等写作规范具体见第 6 章。

气象学术论文题名拟定后，要根据论文内容需要恰当地安排各节的标题。标题与题名有相同的要求，即应用简明得体的词语表述本节、条中的特定内容。撰写标题时需注意：同一层次的标题应表达同一层次的内容；同一级标题应尽量讲究排比，即结构相似、意义相关、语气一致；不同层次的标题，有上下关系者，在内容上应相互联系（田新华，2003；吴江洪，2012）。

【示例 1】

题名：在观测质量控制下戈壁下垫面的湍流输送特征

1　观测场地和观测资料

2　湍流观测订正和质量评价

3　近地面湍流宏观统计特征

4　地表粗糙度

　4.1　动量粗糙度

　4.2　热力学粗糙度

　4.3　不同热力参数化方案在戈壁下垫面的适用性

5　结论和讨论

【示例 2】

题名:夏季北太平洋洋中槽强度的年际变化及其与北美地面气温的关系

1　资料与方法

　1.1　资料

　1.2　方法

　　1.2.1　偏相关分析

　　1.2.2　T-N 通量

2　洋中槽强度的年际变化及其与同期北美气温的关系

　2.1　洋中槽强度的年际变化

　2.2　洋中槽强度变化与同期北美气温的关系

　2.3　洋中槽强度变化与同期大气环流异常的关系

3　洋中槽强度变化和海温的关系

　3.1　与热带大洋海温的关系

　3.2　热带印度洋海温影响洋中槽强度变化的可能机制

4　结论和讨论

在撰写论文各节标题时,特别注意的一点是小节标题不要与论文题名一样,见以下示例。

【示例】

题名:ENSO 与北半球冬季大气环流异常年代际关系的数值模拟

1　资料

2　模式模拟能力检验与试验方案设计

　2.1　模式模拟能力的检验

　2.2　试验方案设计

3　ENSO 与北半球冬季大气环流异常年代际关系的数值模拟

　3.1　海平面气压场变化

　3.2　低空风场特征

　3.3　中层大气的响应

　3.4　高空风场特征

4　结论与讨论

分析:第 3 节的标题与文章题目一模一样,根据正文内容,第 3 节的标题修改为"不同年代 ENSO 与北半球冬季大气环流关系的数值模拟"。

3.4.3　结论

结论是对整篇文章的最后总结。它是在理论分析和试验验证的基础上,通过严密的逻辑推理而得出的富有创造性、指导性、经验性的结果描述。它又以自身的条理性、明确性、客观性反映了论文或研究成果的价值(刘小杰和李天恒,2005;王平,2006;彭桃英和许宇鹏,2011)。结论不同于讨论、摘要和绪论(闫聪,2011)。

结论的内容主要包括如下。

(1)结论是对全文高度、精确的概括,要与引言前后呼应。

(2)阐明解决了什么问题,有什么创新(对前人有关的看法作了哪些修正、补充、发展、证实或否定),得到了什么结果,应简明扼要。

(3)亦可简要说明下一步工作思路(本文研究的不足之处或遗留未予解决的问题,以及对解决这些问题的可能的关键点和方向)。

如果结论段的内容较多,可以分条来写,并给以编号,每条自成一段,包括一句或几句话。如果结论段内容较少,可以不分条写,整个为一段。结论里可以包括必要的数据,但主要是用文字表达,一般不再用插图、表格和公式。

结论的写作要求主要包括如下。

(1)勿与摘要、引言以及正文各小节简单重复。

(2)必须是经过"正文"论证的观点。没有经过论证的观点在结论中不应该出现,有的作者做了许多研究工作,重组成文或作重大修改时会粗心大意在结论中加入"没有经过本文论证的观点"。

(3)概括准确,措辞严谨。对论文创新内容的概括应当准确、完整,不要遗漏有价值的结论,肯定和否定要明确,不要用"大概""也许""可能是"这类词语,给人似是而非的感觉,从而对论文产生怀疑。

(4)不作自我评价。研究成果或论文的真正价值是通过"具体结论"来体现的,所以不宜用如"本研究具有国际先进水平""本研究结果属国内首创""本研究结果填补了国内空白""本研究结果第一次发现了"一类词语来作自我评价。

【示例 1】

例如:"磁性液体液滴或磁性液体中的气泡在磁场作用下均会沿磁场方向拉伸变形,增大磁场强度或磁化率将导致更显著的变形,本文的模拟结果与现有文献中的结论一致"。

注意:许多作者喜欢在结论中说明自己的研究结果与文献结果基本一致,那么本文的工作创新何在呢?结论应该突出本文的特色,不应是前人工作的重复。

改后:"首次将 VOSET 界面追踪法用于磁性液体两相流动的数值模拟,成功模拟了外加均匀磁场作用下磁性液体液滴/气泡的运动规律,本文建立的数值模型可以为后续带有相界面的磁性液体流动研究提供一定的参考和指导。"

【示例 2】

利用 1979—2010 年 NCEP/NCAR 再分析资料,定义夏季北太平洋洋中槽的强度指数,分析夏季北太平洋洋中槽强度的年际变化及成因,并探讨了洋中槽强度和北美气温的关系,得出以下主要结论:

1) 1979—2010 年的夏季北太平洋洋中槽强度具有明显的年际变化特征,主要表现为准 4 a 和准 5 a 的变化周期。

2) 夏季北太平洋洋中槽强度变化与同期北美东南地区地表气温之间存在显著的负相关关系,即当夏季北太平洋洋中槽异常偏强(弱)时,同期北美东南地区地表气温异常偏低(高)。分析还表明,当夏季北太平洋洋中槽异常偏强,其下游的北美东南地区对流层中高层位势高度异常降低,对应于控制该地区的高压异常减弱,从而使得该地区地表气温下降;而当夏季北太平洋洋中槽异常偏弱时,情况则相反。此外,夏季北太平洋洋中槽还可能通过东传的波动能量影响北美东南地区。

3) 夏季热带印度洋和热带西大西洋这两个海区的海温与夏季北太平洋洋中槽强度之间都存在很好的相关关系,但热带印度洋海温对洋中槽的年际变化起了决定性的作用。热带印度洋海温变化可能通过影响北太平洋洋中槽的强度变化,进而对北美气温产生影响;而热带西大西洋海温异常对洋中槽影响程度较小,且对北美气温无直接影响。

3.4.4 讨论

讨论应是由结论推广而来的,其段落通常位于结论之后。讨论中可以提出设想,提出论文的发展预测,但应该恰当,以事实为依据,不能凭空畅想(姚巍和朱金才,2003)。

讨论部分与其他部分相比,更难加以确定应所写内容,通常也是最难写的一部分。写得好的讨论具有以下几个主要特征。

(1) 要设法提出"结论"一节中证明的原理、相互关系以及归纳性的解释,但只对"结论"进行论述,而不应进行重述。

(2) 要能指出你的结果和解释与以前发表的著作相一致或不一致的地方。

(3) 要论述你的研究工作的理论含义以及实际应用的各种可能性。

(4) 要能指出任何的例外情况或相互关系中有问题的地方,并且应明确提出尚未解决的问题及解决的方向。

此外,值得注意的是,讨论部分不能变成文献综述。

【示例 1】

本文只是初步分析了与东北 6 月、7 月、8 月各类降水型有关的同期大气环流特征,各类降水型的前期预测信号及其影响东北夏季降水的物理机制尚需进一步深入探讨。

【示例 2】

本文主要采用统计诊断方法分析了夏季北太平洋洋中槽的年际变化特征及其成因,揭示了夏季北太平洋洋中槽与同期北美地表气温的关系。至于夏季热带印度洋海温异常如何影响到北太平洋洋中槽强度的变化,其影响机制如何,这有待通过大气数值模式模拟来进一步验证。

3.5　论文发表流程

论文发表流程可见图 3.1。

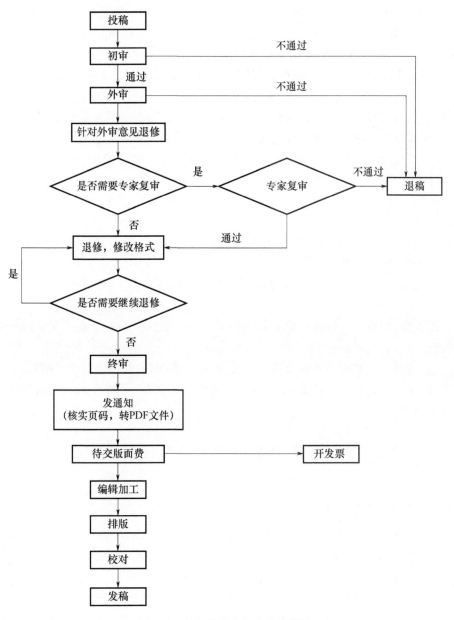

图 3.1　气象学术论文发表流程图

第一步：投稿。

作者论文撰写好之后，选择准备投稿的气象类学术期刊之后，将自己的论文稿件通过在线投稿系统或者邮箱进行投稿。

第二步：编辑部初审、专家外审和主编终审。

目前，我国各报刊社、出版社都实行了三级审稿制度，即责任编辑初审，室主任特约审稿人复审，正副主编（总编）或由主编指定的具有高级职称的编辑终审。因此，投稿之后，首先编辑部会按照投稿顺序对论文进行初审，主要对稿件的创新性、规范性、真实性、学术性等方面的进行审查。若论文编辑部初审没有通过，该论文将会退稿，若通过，则会进入下一个流程，进行专家外审。外审专家主要是对论文的质量是否达到期刊投稿水平进行把关，是对专业知识的审查。当投稿论文进入外审阶段，编辑部会根据论文内容随机邀请国内外相关领域的审稿人进行审稿。期刊外审专家，会根据论文出现的问题，给出严谨的审核意见。通常情况下，外审专家有两位，当两位的外审意见一致，基本上意味着该篇论文通过了审核。若出现了外审专家审核意见分歧大，还会增加审稿专家，再次对论文进行审核。论文终审可以说是审稿的最后一个环节了，但进入终审并不意味着论文一定能发表，作者也不可松懈，终审一般是对论文的最后审核，是确定文章能否见刊发表的关键环节。

第四步：审稿结果。

通过期刊论文三审的论文，期刊社会下发录用通知书，并注明预安排在某年某期发表。

第五步：交费。这里的交费主要是版面费，交纳之后，论文正式进入安排刊期出版流程。

第六步：安排发表。版面费到位之后，即可安排刊期，并按照日期出版见刊。

第七步：寄送样刊。论文见刊之后，会给作者寄送 1～3 本样刊。到此整个论文发表流程结束。

3.6　投稿注意事项及常见问题

3.6.1　投稿注意事项

（1）了解所投期刊的性质、宗旨。通过看刊名、栏目设置，研读期刊内容，来了解一个期刊的性质和办刊宗旨。了解期刊的出版周期、特色以及期刊的作者群和读者对象等，从而有的放矢地投稿，提高投稿的命中率。

（2）认真研读所投期刊的"投稿须知"，完善论文细节。期刊会在"投稿须知"中对论文写作要求、写作格式、注意事项等做出详细的规定，作者在投稿之前需仔细研读该期刊的"投稿须知"，撰写论文时注意与期刊的要求保持一致。

（3）论文创新点要突出，撰写要规范，文字要精练。论文中的摘要、方法、结果和结论部分要突出重点、创新点、关键点。作者在确定好选题角度后，要从题目、摘要、关键词、正文、参考文献等方面严谨、规范地构架论文。论文格式要符合科技论文的要求；数据资料、实验结果等要实事求是，对结果要作必要的统计处理；结论要简明、真实，不夸大其辞；引用文献资料要标明出处，并在文后列出参考文献表；使用的量、单位、符号、缩写词等都要符合国家有关规定。在论文完成之后，作者可以按"条理是否清楚？语言是否简单、平实、明确、直接？是否容易理解？是否正确、准确地使用了语言？"这 4 个要求自己来检查论文。

（4）避免学术不端问题。为了提高投稿命中率，有的作者在同一时间给多家期刊投同一篇文章，从而导致一稿多投多用的学术不端问题出现。版权法明令禁止一稿多投，各家科技期刊也对该现象深恶痛绝。因为一稿多投多用不仅浪费期刊的编审、版面资源，影响作者、期刊的声誉，而且容易挫伤广大读者的感情。故而一旦发现某作者有一稿多投现象，编辑部一般不再轻易采用其来稿。

（5）积极与编辑部沟通。作者投稿的同时，应在论文的适当位置留下详细地址、邮编、联系电话或手机号、电子邮箱地址、QQ 号等信息，便于编辑及时联系。同时要及时跟进编辑部对稿件的处理进度。

3.6.2 投稿常见问题

（1）在本书的第 3、5 和 6 章，对大气科学投稿论文题名、摘要、关键词、正文、公式、图、表格等的常见问题，给出了大量的实例及相应的修改建议。

（2）当论文被编辑部退修（投稿经编辑部及外审专家审稿后）时，作者应根据退修意见认真修改，并逐条答复修改意见，认真撰写答复书。对于不能接受的意见，应申明理由。如需补充试验或修改较长时间时，应及时告知编辑部。

（3）当论文不被编辑部采用时，作者应当与编辑部及时沟通，了解不被采用的具体原因，听取编辑对论文修改的意见和建议，对所退稿件作适当必要的修改后再投往该刊或其他期刊。

（4）投稿时的"代理网站"的问题要引起作者的特别重视。《大气科学学报》典型案例："代理"网站设置风格保持和《大气科学学报》官网一致，最迷惑作者的是"代理"网站电话设置和《大气科学学报》官网一模一样。欺骗手段：承诺作者论文保证录用并尽快发表。作者最大损失：约 8000 元。以上典型案例表明，由于部分作者没有投稿经验或者心存侥幸导致上当受骗，不仅财产受到了损失，而且还影响了论文的正常发表。因此，作者投稿一定要做好期刊的调研工作，不能心存侥幸。

第4章　图书的结构及出版流程

4.1　图书的结构

4.1.1　图书的必备部件

(1)封面(书皮、封皮、书壳、封壳):图书的外表部分,它包在书心和书名页(或环衬、插页等可选结构部件)外面起保护作用,用纸较厚,并印有装帧性图文。包括:封面、封二、封底、封三和书脊。

(2)主书名页:主书名页应置于书心前或插页前,它包括扉页和版本记录页两个部分。

(3)目录页(科技书必备):将正文内容的主要标题按次序编排并标出它们在正文中的页码。单码页面起排。

(4)正文书页:作品本身加上序、前言、参考文献等辅文。

4.1.2　图书的可选部件

(1)腰封(书腰纸):包勒在图书腰面中部的一条纸带。

(2)护封(包封):对封面起到保护作用。多用于精装书。

(3)衬页与环衬:衬垫在封面(封壳)与书心之间的过渡性衬纸。以两页相连环的形式被使用时称作"环衬"或"蝴蝶页"。

(4)附书名页:列载多卷书、丛书、翻译书、多语种书的书名、作者、出版者等信息的书页。附书名页位于主书名页之前。

(5)插页:印有与图书内容相关的图形、图像、题词或者口号、献词等文字的书页。一般设在主书名页后(重要的口号或者献词一般位于主书名页前)、书心前,也可置于书心后。

(6)其他:辑封与篇章页、书签带、藏书票、塑封等。

4.2　图书的辅文

图书辅文是图书正文的辅助文字。

作用:保持图书的完整性。强化图书的功能,指导购买和阅读,有利于检索的准确快捷。

内容简介、前言、后记、跋等由作者撰写。

序言或由作者本人撰写(即"自序"),或由作者邀请他人撰写(统称"他序")。

目录、索引等一般也由作者撰写。

4.2.1　内容简介

内容简介是书的"速描",要使读者通过内容简介就能看到书的特点和轮廓,使读者动心。内容简介应针对既定的读者对象,简要、准确地说明本书的主要内容、编写意图、性质、特点、读者对象以及对本书的评价。必要时还可对权威作者做一简要介绍。

对翻译书而言,除了简介其内容及特点外,还可简单说明原书的出版社、版本及出书后的反映。对丛书、多卷书等系列图书还要简介整套书的情况,以方便读者购买和使用。

撰写内容简介一忌照抄目录、啰唆冗长,二忌空乏定性、言之无物。

4.2.2　序、前言

序或序言一般由作者或由出版社邀请名望高、权威专家撰写。主要内容为出版该著作的背景和价值,同时要对该著作及其作者做适当的评述与评价。

作者自己撰写的序文一般称为前言,用以说明编写意图、中心内容、全书重点及特色、编写过程、编排和编写体例、适用范围以及对读者阅读的建议、再版更改情况说明、参与和协助编写的人员以及致谢等。

译者序一般着重说明翻译意图,有时也包括某些翻译工作的事务性说明。译者序一般以"译者序"为标题,内容比较简单的,有时也可以"译者 前言"或"译者的话"为标题。

丛书总前言(俗称"大"前言)和分册前言(俗称"小"前言)、多卷书总前言(俗称"大"前言)和分卷前言(俗称"小"前言)是不同的,作者特别是主编在交稿时务必区分清楚。

4.2.3　目录

目录是全书内容的纲要,编写目录时应注意以下几点。

(1)目录一般包括正文中篇、章、节、段题,参考文献,附录等。

(2)目录中所列标题和页码应与正文中的标题和相应页码严格一致。

(3)一般科技图书目录中可列出正文篇或章下 2～3 级标题。未编制索引的大中型图书,目录可稍细些。论文集则列出每篇文章题名,在文章页码前要列出作者姓名。

（4）对于大型工具书如大型专业百科全书和大型专业手册，可在卷首列出总目录，然后在各章（或篇）或条目正文之前列出相应章（或篇）或条目的分目录。

（5）一般要求一册一个目录。有上下册（卷）者，除在本册（卷）列出本册（卷）详细目录外，上册（卷）可以简单列出下册（卷）篇章目录，下册（卷）可以简单列出上册（卷）篇章目录。多卷图书，除在本卷列出本卷详细目录外，还应在适当位置列出其他卷简要目录。

（6）目录是图书不可缺少的重要组成部分，作者在交稿件正文的同时，须将目录打印、誊抄清楚，一并交出版社。

4.2.4 附录

附录为附加在正文后面的有关文章、文件、图、表等，以便于读者查找、核对与本书有关的资料，能帮助读者扩大视野、进一步探索有关问题。附录标题层次如图 4.1 所示。

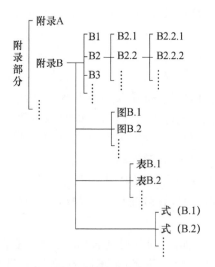

图 4.1　附录的标题层次

附录在编写时应注意以下几点。

（1）附录内容要求简明扼要、准确无误。

（2）有的附录标题后应加"说明"，简述该附录的编排特点和使用说明。

（3）附录的标题应编入该书目录。

（4）附录的内容应根据书稿性质、读者对象和正文内容确定。附录通常包括计量单位换算表，有关曲线图、数据表、数学公式，有关法规文件、标准等。数据图表一般应注明出处。所用名词术语、单位和符号等均须与正文一致。

1. 正文述及的附录

常在正文中写明"参见附录＊"或"详见附录＊"字样。注意：收载的信息资料是本书必需的。资料内容必须准确可靠，具有权威性、适用性。与正文中对应的事项、数据必须一致；如果不一致，应说明差异原因。附录内容应确认无著作权问题或允许公开发表。

2. 正文未述及的参考附录

它是对本书的补充，对读者查阅某些信息知识有较大参考价值；（务必是读者常用或应该知道但难查询的；要简单明了，特别是汇编性图表。收入的信息资料必须是最新的，陈旧过时的信息资料对读者会产生误导。

4.2.5　索引

索引是为了便于读者查阅而编制的检索工具。索引的款目要求标引深度适当、编排规范、检索方便，既不漏检、也不滥检。索引编制要按具体要求去做。

就专著类图书而言，建议作者制作"索引"，类型采用"主辅页码型索引"，即除了把正文中出现该词条或短语的页码列出外，还要提供一个该词条或短语在书中最值得一提的页码，并用黑体标注。

空间场预报　**17**,26,45,**79**,145

变形场法　103,**106**

尺度分离法　98～**99**

4.2.6　后记

后记又称"跋"或"编后语"，一般在大型工具书、论文汇编书或重要著作中使用，排在正文的最后。其内容比较灵活，可以评价书籍内容，也可以说明写作过程或编辑过程及其体会、感谢语和对读者的希望等。作者、出版者、编辑、译校者都可以写后记，但不是必须撰写的项目，只是对某些事体进行交代。

序言中不便、不宜说明的事项，也可采取后记的形式加以说明。

4.3　图书出版流程与成稿过程

4.3.1　出版流程

专著类图书出版流程主要包括投稿、选题论证立项、签订出版合同、稿件审读、排版设计、校对、发稿、印刷、装订入库、营销推广等流程（图 4.2）。选题论证立项工作由编辑经过市场调查、选题论证、组稿等环节完成；稿件审读采用的是三审制，包括初审（编辑加工）、复审、终审，编辑加工由责任编辑按照出版的要求，对书稿进行检查、修改、润饰、标注、整理提高；校对要进行三次校对，具体校对符号见附录 A；印制一般由出版部负责，由印刷单位完成；发行由发行部负责，是图书从生产者到消费者的流通环节。

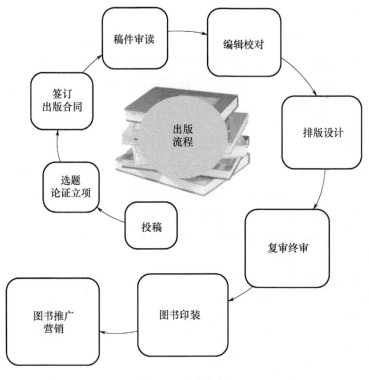

图 4.2　出版流程

4.3.2　成稿过程

成稿过程主要包括确定主题、建立构架、收集整理资料、形成书稿文字四个步骤（图 4.3）。主题的确定一般是根据自己的研究领域首先确定三个问题：想写什么？读者对象是谁？写作的目的是什么？确定主题后，要确定表达主题的知识主干，如主要内容、章的设定等以及确定知识主干的分级处理，如节的设定、二级和三级目录的设定等。随后收集整理资料，文字资料主要来自于原创、日常积累总结和数据库检索等，图片资料主要来自于独立摄影、绘制，他人授权、公共资源等，音视频主要来自于独立录制、他人授权、公共资源等。在上面几个环节的基础之上，最后形成书稿文字。

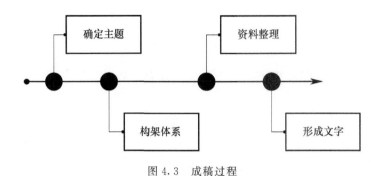

图 4.3　成稿过程

4.4　常见问题

（1）出版版面字数估算方法

图书的出版字数一般是按版面字数计算，与作者提供的 Word 版本显示的字数有一定的差距。版面字数是计算图书每一面的字数乘以总面数，这包含了图、表、公式等内容，一般比 Word 版本显示的字数会多一些。估算方法如下：

首先，找一页全是文字的书稿，行数×一行字数（行数×列数）＝该页字数；

然后，预估全书字数＝一页的字数×全书页数。

（2）一本书的出版周期

一本 30 万字左右的图书，一般的出版周期为 3～6 个月，具体周期要视稿件创作修改进度、篇幅大小、内容难易程度等决定。

（3）彩色图片的处理问题

天气图、雷达图、卫星云图以及其他黑白图不易区分的图片，建议彩色印刷。建议作者在交稿时，提供与正文图片对应的单独的图片文件，图片要保证清晰，有矢量图要提供矢量图。

（4）引进图书的基本流程

版权引进工作由出版社来完成。作者或出版社确定翻译某本图书，由出版社先跟外方出版社联系，确认中文简体版权还在后，由中外出版社双方商定版权引进细节，一般包括授权文字、发行地域范围、出版周期以及版税费用等，之后可以签订合同，办理版权引进相关手续。这个过程的同时可以开始着手翻译书稿。

第5章　题名及作者署名

5.1　题名的写作

题名是能反映论著中特定内容的恰当、简明的词语的逻辑组合。特定内容是指要准确无误地表达论著的中心内容。恰当用词是指恰如其分,避免用不得体的华丽词藻。词语简明是指避免"繁琐冗长"、切忌用复杂的主、动、宾完整的语句逐点描述论著的内容。题名是论著全文内容的高度浓缩,应包括目的、对象、方法及结果等要素(颜廷梅 等,2010)。论著的题名是论著的画龙点睛之处。作用主要有两条:①吸引读者。题名相当于论著的标签,一般读者通常根据题名来考虑是否阅读摘要或全文。②帮助文献追踪或检索。文献检索系统多以题名的主题词为线索,因此这些词必须准确地反映论著的核心内容,否则就有可能产生漏检(李晓文和刘士新,2013;王娇 等,2017)。

5.1.1　论文名的写作

1. 论文名的写作要求

气象论文名撰写的基本要求:直接、准确、简练、清楚、醒目。题名要直接揭示论点或者论题;要准确反映论文的主要内容;要言简意赅,以最少的文字概括尽可能多的内容;要清晰地反映文稿的具体内容和特色,明确表明研究工作的独到之处,力求简洁有效、重点突出;要引起读者注目。

(1)论文名的长度。论文名是论文内容的高度概括,题名的长短按照论文的内容而定,一般应尽可能用最少的词语表达出学术论著的主旨。论文名不宜超过20个汉字,题名在书写时要达到简明精炼,应删去可有可无、无实质性内容的词语。没有特定定语成分的"研究、调查、报告"等,在论文名中被视为废词,一般应予以删除。论文名不要过长,也不能过短。过短往往不能确切反映论文的内容,过长则不能一目了然。在不得不使用很长的标题时,可按题意将标题分为主标题和副标题。这样,既保证了标题的清爽感,也保证了标题的确切性。

(2)论文名的用词。论文名应适应大气科学学术交流和信息传递的需要,用语用词要严谨规范,不得使用非公知公用、同行不熟悉的外来语、缩写词、简称、符号等。为便于检索系统收录,应尽量避免使用数学公式和化学结构式。题名要尽可能选用本学科最易概括、词义单一、通俗易懂、便于引用的规范术语。

(3)论文名的修饰。论文名既要生动、醒目、易读好记,又要避免夸张、华而不实,避免使用繁琐冗长的形容词和不必要的虚词,不可用艺术加工和文学语言或广告式的华丽辞藻来书写学术论文名(陈宏宇和郝丽芳,2010)。

(4)论文名的结构。论文名像一条标签,是由一个或几个并列名词加上必要的修饰语构成的词组,通常无谓语成分;切忌用复杂的、结构完整的主、谓、宾语逐点表述学术论文内容,同时还论文名中也尽可能不用标点符号。

2. 论文名常见问题及举例分析

气象学术论文题名常见问题如下:

(1)采用套话空话。有些作者习惯在论文名的后面加上"……的探讨""……调查""……观察"、"……的规律"、"影响……的因素分析""……优化改进"等套话空话。避免"……浅谈""试论……""……初探"等自谦词。避免"一种""新的""探索"等空泛的词语,而应该将改具体的研究内容在论文名中表达出来。

【示例 1】

原题名:1880—2010 年中国东部夏季降水年代际变化特征分析

修改后:1880—2010 年中国东部夏季降水年代际变化特征

【示例 2】

原题名:一种高效分析非规则波导传输特性的坐标变换

分析:将高效用来修饰方法,尽管"坐标变换法"不是本文创新,但能体现文稿"方法"的特点。

修改后:用于非规则波导传输特性分析的高效坐标变换法

(2)论文名太大,空泛不具体、可检索性差、未能反映出"特定内容"。论文名选得"小"了,就好比打一口井,要有深度。气象学术论文名的选题要聚焦,同时要联系现实,能在一个问题上说透、说深,那么这部论著就是成功的。

【示例 1】

原题名:我国旱涝与大气季节内振荡

分析:题名太大,最后可能只是泛泛而谈。

【示例 2】

原题名:2013 年长江中下游夏季干旱演变过程及成因分析

分析:从题名看,论文想分析的内容是 2013 年长江中下游夏季干旱的成因,但实际上,文章主要创新点是改进的 CI 指数在 2013 年长江中下游夏季干旱的具体应用。

修改后:改进的 CI 指数在 2013 年长江中下游夏季高温干旱中的应用

(3)文题不符合。以大代小,以全代偏,以小代大,以偏代全。

【示例】

原题名:青藏地区局部位系数模型

分析:论述的另一重要内容是论述区域高阶重力场模型。

修改后:区域高阶重力场模型与青藏地区位系数模型

(4)概念模糊与逻辑错误。

【示例1】

原题名:中东急流的季节变化特征和热力影响

修改后:中东急流的季节变化特征及其与热力影响的关系

【示例2】

原题名:1950—1980 年中国地区确定的基本磁场模型的建立及其分析

分析:题名中不宜把自己建立的模型称为"确定的","基本磁场"也不是规范术语,应称"主磁场"。

修改后:1950—1980 年中国地区主磁场模型的建立及其分析

(5)词序、语序不当。

(6)结构不对。习惯上题名不用动宾结构,而用以名词或名词性词组为中心的偏正结构。

【示例】

原题名:研究一种图像熵的卫星云图分类方法(动宾结构),一种图像熵的卫星云图分类的研究(偏正结构)

修改后:基于图像熵的卫星云图分类方法

(7)省略不当。

【示例】

原题名:非均匀水体对比度传输方程的海水透明度计算试验

分析:非均匀水体对比度传输方程做主语道理上讲不通,蕴藏主语为"作者"。

修改后:基于非均匀水体对比度传输方程的海水透明度计算试验

(8)使用并非公知的简称、缩写等。题名中尽量不要用英文缩写,特别是不常用的英文缩写应该避免用,如果一定要用,应在摘要和前言中加以说明。

【示例】

原题名:AMO 气候影响的研究评述

修改后:北大西洋年代际振荡气候影响的研究评述

(9)不恰当地拔高层次。

(10)表述不清,存在歧义。

(11)太长或太短。文题太长,读者读起来费劲,也看不出重点,如果标题实在太长而又不能省,则可通过副标题的方式处理;文题的简短也要适度,文题太短而令人费解同样是不可取。

（12）文不对题。

【示例】

《大气科学学报》编辑部曾经收到过的一篇论文《通用线性模型在气象水文集合预报后处理中的应用》，通篇只介绍了通用线性模型这个模型本身，为了鼓励作者的投稿积极性，将此文退修，让作者删除大量介绍模型本身的内容，补充了该模型在气象水文集合预报后处理中的应用的情况。

3.《大气科学学报》在中国知网高被引论文题名简析

在文献情报的几大要素中题名是首当其冲的第一要素，其次是作者、摘要、关键词、出版、页码、文献（益西巴珍和李晓萍，2015），从要素检索的先后顺序可以看出题名检索的重要性。对作者的搜索是准确的定位搜索，直截了当；对关键词和摘要的搜索是读者主观意图的搜索，通过阅读摘要可以进一步了解文章的梗概、主要内容等信息；关键词往往是读者搜索文章的最佳路径，但一个或多个关键词通常又会出现在文章题名中，所以通过关键词检索就会很快地搜索出文章题名，读者进而在被搜索题名中筛选。因此，好的题名能增加读者的阅读兴趣，它是读者下载、引用的关键。

根据中国知网的数据结果，简要分析 2011—2013 年《大气科学学报》被引次数排名前 21 的论文题名（表 5.1）。

表 5.1　《大气科学学报》2011—2013 年出版文献被引次数排名

（前 21 名，数据统计结果截至 2016 年 9 月 2 日）

序号	作者	题名	被引次数	下载次数
1	魏玉香,童尧青,银燕,等	南京 SO_2、NO_2 和 PM_{10} 变化特征及其与气象条件的关系	102	1253
2	陈海山,范苏丹,张新华	中国近 50 a 极端降水事件变化特征的季节性差异	83	1003
3	陈思蓉,朱伟军,周兵	中国雷暴气候分布特征及变化趋势	82	725
4	银燕,童尧青,魏玉香,等	南京市大气细颗粒物化学成分分析	69	1361
5	范新强,孙照渤	1953—2008 年厦门地区的灰霾天气特征	58	547
6	银燕,等	黄山大气气溶胶微观特性的观测研究	44	464
7	李双林,王彦明,郜永祺	北大西洋年代际振荡（AMO）气候影响的研究评述	42	676
8	陈中笑,程军,郭品文,等	中国降水稳定同位素的分布特点及其影响因素	40	769
9	沈艳,潘旸,宇婧婧,等	中国区域小时降水量融合产品的质量评估	38	324
10	祁海霞,智协飞,白永清	中国干旱发生频率的年代际变化特征及趋势分析	37	724

续表

序号	作者	题名	被引次数	下载次数
11	智协飞,陈雯	THORPEX 国际科学研究新进展	34	162
12	杨沈斌,赵小艳,申双和,等	基于 Landsat TM/ETM＋数据的北京城市热岛季节特征研究	34	963
13	司鹏,李庆祥,李伟,等	城市化对深圳气温变化的贡献	33	434
14	漏嗣佳,朱彬,廖宏	中国地区臭氧前体物对地面臭氧的影响	32	558
15	赵玉春,王叶红,崔春光	一次典型梅雨锋暴雨过程的多尺度结构特征	32	471
16	梁乐宁,陈海山	春季华南土壤湿度异常与中国夏季降水的可能联系	32	401
17	钱代丽,管兆勇,王黎娟	近 57 a 夏季西太平洋副高面积的年代际振荡及其与中国降水的联系	32	489
18	张敏,朱彬,王东东,等	南京北郊冬季大气 SO_2、NO_2 和 O_3 的变化特征	31	579
19	王丽娟,何金海,司东,等	东北冷涡过程对江淮梅雨期降水的影响机制	31	661
20	沈桐立,曾瑾瑜,朱伟军,等	2006 年 6 月 6—7 日福建特大暴雨数值模拟和诊断分析	31	457
21	晏红明,周文,杨辉,等	东亚冬季风指数的定义及其年际年代际异常	31	589

论文下载行为与论文引用行为的趋势基本一致,高下载量的论文引用次数也比较高,下载量低的论文引用量也比较低,被引次数和下载次数都具有较强的正相关性(刘筱敏和张建勇,2009),《大气科学学报》出版文献的被引次数和下载次数也呈现正相关的关系。在网络传播环境中,论文能够被读者从海量信息中搜索到,题名具有特别重要的作用。由 2011—2013 年《大气科学学报》被引次数排名前 21 的论文题名可见,上述论文题名具有以下特点。

(1)主题鲜明,文题一致

一篇论文通常会由多部分内容组成,但最突出的主题只会有一个,所有内容都围绕中心议题进行描述、分析、讨论,所以要在题名中凸显出论文的主题,反映出论文的要点、方向、深度,要用最精炼的词语、短句将全文进行概括和归纳。避免使用夸张、模糊、大而广的词组来表述。如《南京 SO_2、NO_2 和 PM_{10} 变化特征及其与气象条件的关系》就精准概括出全文核心内容。

(2)准确精练,易于检索

论文的题名是读者最先看到的内容,为了吸引读者的兴趣,要力求在第一时间最直接地反映出论文的主要内容,同时在搜索时,题名的中心词也往往是数据库检索的关键词,因此,准确地挖掘出论文的中心词,才能引起读者的注意,争取该文被下载、阅读。题名的拟定要符合编制题录、索引和检索的相关规定,有助于选择关键词和分类号,如"城市化对深圳气温变化的贡献"。

(3)生动新颖,易读易记

类似主题的论文万万千千,论文题名也形形色色,从论文结构看,通常有两种形式的常用标题:第一,单一主题,如"大西洋阻塞高压上层冷中心的成因";第二,复合主题,包括主标题和副标题,增加副标题是为了进一步对主标题加以限制、补充、说明,使题名更加具体化、准确化,如"气候变化背景下北极利益博弈与风险评估——建模与仿真"。但无论是哪一类的题名,易读都将有助于读者深入了解论文内容。作者应做到题名中的核心词汇生动新颖、与众不同,如"2020 年全球变暖被创新高吗?"。

(4)规范可读

题名应尽量避免使用不熟悉的符号、代码、缩写等。如《北大西洋年代际振荡(AMO)气候影响的研究评述》一文,AMO 为不常见缩写,且文题中已有"北大西洋年代际振荡"的描述,因此题名中的英文缩写应删除,这样文题更加简洁、规范。

5.1.2 专著名写作

专著名也就是图书名称是给读者留下的第一个印象,也是读者对该专著决定取舍的主要因素之一,因此应给予足够的重视。专著名和学术论文题名的要求在很多地方是一致的,因此,论文题名常见问题在专著名中也会常常出现,比如题名太大、文题不符、概念模糊等等,这些问题也是需重视和注意。专著名的特点和作用主要是以下三个方面:①揭示作品的主题;②显示图书的性质;③提示和推荐(郭锦文,1993)。

1. 专著名的写作要求

学术专著的命名是个比较复杂的问题,不仅要结合专著的内容、性质,而且还要考虑读者定位、内容表现、创新手段等方面。但一般要求做到确切、简洁、醒目。

(1)确切

专著名要能准确地反映学术专著的内容,贴切地提示其性质和范围,这就是所谓的"名副其实"。例如《雷暴与强对流临近预报》这本专著的书名优点就是精炼明确反映出其范围和性质,没有加实用技术、技术研究、理论与方法研究等后缀。

(2)简洁

简洁的涵义是简短利落。简短利落的方法是"一语破的"。"一语破的"包含两个意思:一是要善于"破的";二是要用"一语"。"的"就是作品的主题,至于善破,那就要看作者和编辑的"道行"了。战士打靶总要先瞄准,作者、编辑给专著命名也要瞄准,即瞄准创作意图和最能体现意图的那部分内容。关于"一语"的问题,就是要尽最大的努力用最短的词句。最短词句的获得:一是善于省略;二是善于概括。省略是删去那些可有可无的字、词。概括就是大略、总括作品内容的实质,文学上要"以少胜多"。例如,气象出版社2019年出版了一本精准刻画当代中国气候,全面反映中国气候的权威著作,经过作者的反复考虑和斟酌,最后确定该专著名为《中国气候》。

(3)醒目

醒目的涵义是"明显突出,引人注目"。注目后才有可能抓住人,吸引人。专著名能明显提示出作品新颖的内容,突出作品的性质特色,对上读者的需要和口味,自然就能"牵动"读者的心。比如,有的读者想学习NCL进行绘图,当他看到《NCL图形分析语言入门到精通》,"入门到精通"这几个字会迅速抓住读者的眼球,想学习NCL语言的读者多半会发生兴趣。新、特是醒目的关键,但要注意,新和特是要跟内容完全一致,决不能为醒目而故意标新立异做"标题党"。

2. 专著名常见问题和举例分析

(1)不够确切

【示例1】

原专著名:《×××系统》

分析:通过阅读的简介和前言知道这本专著是该系统定性理论方面的科研成果,为了避免泛泛不具体,又能确切反映内容实质,还能说明该书是一本理论著作,在此基础上进行了修改。

修改后:《×××系统定性理论》

【示例2】

原专著名:《×××理论基础》

分析:通过阅读此专著的内容发现,内容侧重技术,且实用性强,进行了相应的修改。

修改后:《×××技术》

(2)书名过长

【示例】

原专著名:《数值天气预报和气候预测的方法及技术分析的理论》

分析:书名长短是根据实际确定的。但过长,读起来一口气念不完,看了、读了也记不住,这就不好了。

修改后:《数值天气预报和气候预测》

3. 气象专著书名关键词分析

将气象出版社出版的约3000种气象专著的书名作为统计对象,进行关键词统计分析。由表5.2可以发现,在气象专著书名中,出现频次最高的关键词为"气候",出现频次为485次,其次是"天气",出现频次为417次,出现频次最低的关键词为"大气化学",出现频次为 7 次。通过专著名关键词的统计可以看出相关领域科技成果的积累传播情况。

表 5.2　气象专著名的关键词统计

关键词	出现频次	关键词	出现频次
气象学	95	暴雨	112
预报	312	台风(热带气旋)	82
天气	417	雷电(防雷)	143
气候	485	强对流	15
气候变化	172	干旱	46
探测(观测)	159	人工影响天气	51
大气物理	9	雷达	49
大气化学	7	卫星	77
农业	319	行业标准	252
服务	171	生态	148

5.2　论文署名及作者单位

5.2.1　论文署名

论文署名是学术论文的重要组成部分。署名者可以是个人作者、合作者或团体作者。署名项一般排列在题名下。

国家标准《科学技术报告、学位论文和学术论文的编写格式》(中国国家标准化管理委员会,1987)规定,在学术论文中署名的个人作者"只限于那些对于选定研究课题和制订研究方案、直接参加全部或主要部分研究工作并作出主要贡献以及参加撰写论文并能对内容负责的人,按其贡献大小排列名次。"在科研中应当是谁设计了该项研究课题并进行或组织完成了该项研究工作,则由谁来撰写论文。谁写的论文就应署上谁的姓名,不能把只参加过部分具体工作而不了解该课题全部内容和意义的人都署上姓名。作者应能掌握论文的全部内容及意义,能对论文提出的质疑进行答辩,并能对论文中材料的真实性、方法的可靠性、结论的正确性、分析推理的逻辑性及对理论和实际意义评价的合理性承担责任。新英格兰医学杂志主编阿尔诺·雷尔曼博士把科学论文工作分成 3 个部分:学术论文的设计、数据的收集和对结果的分析和解释,他认为一位科学家署名至少应对该项学术研究的2 个方面有所贡献。

对于那些不够署名条件,但对研究成果确有贡献者,可采用致谢来表达。通信作者通常是实际统筹处理投稿和承担答复审稿意见等工作的主导者,也常是稿件所涉及研究工作的负责人。

5.2.2　作者单位的写作要求

论文作者单位及其通信地址是作者的重要信息之一。一般在发表作品时,应尽可能注明作者的详细工作单位和通信地址,以便读者与作者联系。作者工作单位必须用全称,不得用简称。例如"中国科学院 大气物理研究所,北京 100029"不能写成"中科院大气物理研究所,北京 100029"。

【示例1】

东北夏季降水分型及其大气环流特征

孙照渤,曹蓉,倪东鸿

(南京信息工程大学 大气科学学院,江苏 南京 210044)

【示例2】

近几年我国霾污染实时季节预测概要

尹志聪[1,2],王会军[1,2],段明铿[1]

(1. 南京信息工程大学 气象灾害预报预警与评估协同创新中心/气象灾害教育部重点实验室/大气科学学院,江苏 南京 210044;2. 中国科学院 大气物理研究所 竺可桢-南森国际研究中心,北京 100029)

5.2.3　作者署名和单位存在问题

作者署名需要注意的是:尽量不要在交稿后又添加新的作者署名。文章作者的署名是一件严肃的事,它是文责自负和拥有著作权的标志;然而,个别作者在发回的校样上随意添加新的作者署名,甚至增加多名作者。编辑部一般不支持这种做法。作者要怀着谨慎严肃的态度去对待科研论文作者署名(张维 等,2017;刘丽萍和刘春丽,2019;朱丽娜和于荣利,2019;周白瑜 等,2020)。

作者单位存在问题。

(1)没有采用单位的全称,如"中国气象科学研究院"简写为"气科院"、"中国科学院大气物理研究所"简写为"大气所"或"中科院大气所"。

(2)沿用旧的机构名称。近几年高校、科研院所的机构整合、更名较频繁,单位名称变化也较快,期刊发表的论文应及时更换单位名称,而不应沿用旧的机构名称。如"成都气象学院"更名为"成都信息工程大学""北京大学大气科学系"变更为"北京大学物理学院大气科学系""空军气象学院"变更为"国防科技大学气象海洋学院""南京气象学院"更名为"南京信息工程大学"等。

5.3　专著署名及著作方式

5.3.1　专著署名

专著封面上印载作者姓名,其后标明"著""编""编著"或"译"等表明著作方式的字样。封面上作者署名一般不超过 3 个,其署名排列次序,由第一著作责任者或主编根据编写工作的实际情况在交稿时写明。超过 3 个的在第三作者后加"等"字。作者很多的情况下,完整的作者名单可另设编委会列出。封面与扉页的书名及作者名必须一致。

5.3.2　著作方式

"著"是绝大部分内容为独创性成果,"著书立说"。

"编著"是指书稿内容部分按已有文献资料整合编辑,部分为独创完成的著作方式。

"编"是指书稿主要内容根据已有文献资料整合编辑而成的著作方式。

"主编"是指在书稿尤其是系列图书、大型图书编写过程中进行总体策划、选择作者、审稿等方面发挥主要作用的人。主编一般只设一人。用主编、副主编方式署名时,必须以有其他作者参加编写工作为前提。

"译"是指完成书稿翻译的著作者。

"编译"是指对书稿部分内容根据已有文献资料整合编辑,部分内容根据外版书翻译而成的著作者(须外方授权)。

"组织编写"是指出版社或有关单位组织完成书稿的编写方式。

"审""主审""审校"是指对没有参加编写或翻译,但对编写或翻译稿内容起把关作用的著作活动。"主审"多用于教材,主审者多由主管部门确定或由编审会议推选。

作品的署名方式由作者确定。作者确定的作品署名方式,编辑不能擅自变更。合作作品的署名顺序要由全体合作作者或作者代表人确定。如果合作作者很多,不能全部都在图书的封面、扉页、版权页上署名,也应由作者自己决定署名的主要作者或代表作者,也可以单列作者署名页。为避免产生纠纷,作品的署名方式应在图书出版合同中予以明确。若署名方式发生变更,应有作者的书面信函作为依据。

5.4　著作权相关问题

5.4.1　著作权的内容

著作权也称版权,是指作者及其他权利人对文学、艺术和科学作品享有的人身权和财产权的总称(汪继祥,2010)。

著作人身权是指作者通过创作表现个人风格的作品而依法享有获得名誉、声望和维护作品完整性的权利。该权利由作者终身享有,不可转让、剥夺和限制。作者死后,一般由其继承人或者法定机构予以保护。根据《中华人民共和国著作权法》(以下简称《著作权法》)的规定,著作人身权包括:①发表权,即决定作品是否公布于众的权利。②署名权,即表明作者身份,在作品上署名的权利。③修改权,即修改或者授权他人修改作品的权利。④保护作品完整权,即保护作品不受歪曲、篡改的权利。

著作财产权是作者对其作品的自行使用和被他人使用而享有的以物质利益为内容的权利。著作财产权的内容具体包括:①复制权,即以印刷、复印、拓印、录音、录像、翻录、翻拍等方式将作品制作一份或者多份的权利。②发行权,即以出售或者赠与方式向公众提供作品的原件或者复制件的权利。③出租权,即有偿许可他人临时使用电影作品和以类似摄制电影的方法创作的作品、计算机软件的权利,计算机软件不是出租的主要标的的除外。④展览权,即公开陈列美术作品、摄影作品的原件或者复制件的权利。⑤表演权,即公开表演作品,以及用各种手段公开播送作品的表演的权利。⑥放映权,即通过放映机、幻灯机等技术设备公开再现美术、摄影、电影和以类似摄制电影的方法创作的作品等的权利。⑦广播权,即以无线方式公开广播或者传播作品,以有线传播或者转播的方式向公众传播广播的作品,以及通过扩音器或者其他传送符号、声音、图像的类似工具向公众传播广播的作品的权利。⑧信息网络传播权,即以有线或者无线方式向公众提供作品,使公众可以在其个人选定的时间和地点获得作品的权利。⑨摄制权,即以摄制电影或者以类似摄制电影的方法将作品固定在载体上的权利。⑩改编权,即改变作品,创作出具有独创性的新作品的权利。⑪翻译权,即将作品从一种语言文字转换成另一种语言文字的权利。⑫汇编权,即将作品或者作品的片段通过选择或者编排,汇集成新作品的权利。⑬应当由著作权人享有的其他权利。

5.4.2 相关问题

著作权问题会在组稿、审稿、编辑、加工、复制、发行等编辑出版工作的各个环节中涉及(张小强和张苹,2009;董娅,2010;张天定,2010;严真,2011;黄春霞和杨伯勋,2014;刘建,2015;魏新,2018;袁小群和蒋欢,2020)。在气象学术论著编辑出版的过程中,发现著作权保护方面主要存在以下几个问题。

(1)部分作者著作权法律意识淡薄。在我们处理稿件的过程中,一些作者对于诸如"重复率过高""网上找的照片"等之类的问题并不以为然。这些作者法律意识淡薄,从而导致他们并没有意识到自己已经侵权了他人的作品。如有些作者创作在过程中,需要一些云、天气现象、气象灾害等图片,就在网上找了一些合适的图片,没有购买图片的使用权,如果正式出版就可能造成侵权,而大部分作者并没有意识到侵权,认为我只是引用了一下,且标明了出处。

(2)要分清著作权、版权和专有出版权。经常有作者会问,我跟你们出版社签订了图书出版合同,是不是版权就归出版社了? 根据《著作权法》第五十七条规定"本法所称的著作权即版权",可见著作权就是版权,归著作者所有。《著作权法》第三十一条"图书出版者对著作权人交付出版的作品,按照合同约定享有的专有出版权受法律保护,他人不得出版该作品",可见专有出版权是出版者享有,也就是出版社所有的是专有出版权不是著作权或版权。

(3)要分清合理使用和抄袭。根据《著作权法》第二十二条的规定 12 种情况可以"合理使用",如"为介绍、评论某一作品或者说明某一问题,在作品中适当引用他人已经发表的作品"等。合理使用者的行为被限制在"可以不经著作权人许可,不向其支付报酬,但应当指明作者姓名、作品名称,并且不得侵犯著作权人依照本法享有的其他权利"的法定范围内。与学术论著最具相关性的是合理使用不适当(即不适当引用)与抄袭的认定,因此如何区别合理使用与抄袭显得尤为重要。根据法律规定可以推断出"适当引用"的认定:①引用目的仅限于介绍、评论某一作品或者说明某一问题;②所引用部分不能构成引用人作品的主要部分或者实质部分;③不得损害被引用作品著作权人的利益;④应当指明作者姓名、作品名称。"不合理使用"主要有以下两种情况:①单纯引用他人作品却不注明参考作品的名称和著作者姓名。一些作者在撰写学术论著中,出于疏忽遗忘、或者怕麻烦的心理而非有意为之,往往在论文的参考文献中不列明引用论文的名称及作者姓名,造成了对著作权人的侵害。②使用他人作品过量。分为两种情况:一是使用他人作品过量并构成了作品的实质部分或主要部分,需具体的去分析判断;另外一种是引用单个他人的作品超过但又不构成其作品的主要部分或实质部分。例如,曾经发现有一本教材,引用别人出版的教材内容达到 80% 以上,这就造成了严重侵权。

(4)对作品作实质性的修改须经作者同意。凡更改书名,对作品内容和观点进行修改、删节,增删图、表、公式、前言、后记,均属于对作品作实质性的修改。凡对作品作实质性的修改,应事先征得作者同意,最好是作者的书面同意。如果作者交来的书稿达不到出版水平,编辑可以向作者提出修改意见,退作者本人修改。作者修改后若仍达不到出版水平,可以按合同约定退稿。如果是作品引起的事实与数据有误,或逻辑、语法、文字、标点不正确,或体例、格式不规范等非实质问题,编辑可以帮助作者改正。有的编辑出于好意,未经作者同意就擅自对作品内容作了实质性的修改,无意中却侵犯了作者的人身权利。

第6章　论著具体项目示例及编辑规范

6.1　文　　字

大气科学是研究大气的各种现象（包括人类活动对它的影响），这些现象的演变规律，以及如何利用这些规律为人类服务的一门学科。作为大气科学研究成果书面表达体裁的气象学术论著，要突出其科学性、逻辑性和规范性，语言文字的表达要做到准确、简明、平实、生动、规范（赵庆，2013）。

6.1.1　语言文字的准确性

语言文字运用的准确性是科技论著质量的基本保证。气象学术论著的写作，其科技语体的准确性与论著反映内容的科学性、思维的逻辑性、反映客观事物的真实性紧密相联，只有准确无误地把客观事物的性质、结构、功能等表达出来，把作者的科学思想、研究思路和观点认识深刻而全面地阐述清楚，才能达到气象学术论著内容准确表达的目的，才能体现论著的学术价值。语言文字的准确性表现在用字用词要得当，句子要符合语法和语言逻辑，引用资料和数据要真实、可靠。

1. 用字用词要得当

（1）要了解字词或术语的确切含义，用词恰当和准确，防止歧义或曲解，不能随意造词。如，语言表达要客观、准确，不要模棱两可、似是而非，对于能够认定的事实，要用肯定的词语表达，不可用"可能""也许""大概""或许"等推测或假设的语气。如使用新的科学术语，必须有所依据，并在首次使用时对其概念和涵义作出界定及说明。使用涵义不同的名词，同样要进行说明或界定。大气科学学科名词、术语涵义复杂，且新词、组合词不断出现，对于同一个词汇，不同的学者可能会因理解的不同有不同的译法，在传播过程中容易造成一词多义的现象，为尽量避免科学术语在使用中的混乱，在文章中首次出现时可标注出相应的英文词汇。论著引用的专用名词和技术术语必须严格、准确和全文统一。

（2）注意词语的情感色彩，了解词的褒贬意义。在气象学术论著中，要重大气科学事实、重客观证据、重数据分析，避免用带有感情色彩的语句，不要采用夸张、拟人的写作手法。在评价前人工作成果时必须实事求是，既不夸大、也不缩小；尽量使用中性的词语,不要使用有明显褒贬含义的字词。在论著中和别人的观点不一致时,要以正面论证自己的观点为主,必要时指出对方的不足和错误,不要用刻薄的词句进行指责。对"首次报道""国内首创""国内外尚未见报道""国际先进水平"等提法要慎重,论著中的自我评价不仅没有意义,还会带来负面影响。对结论的语言表达也要注意分寸,不要夸大其词,牵强附会。

(3)使用数量概念要精确,引用资料要准确。气象学术论著往往不能满足于定性的表达,还必须准确反映事物数量上的差异性。使用数量概念时一定要精确,尽量用数字表达,重要的数字甚至不能采用经过四舍五入的近似值。论著中不要用"据估计""据报道""据观察"等词,应给出参考文献。

2. 遵循语法

科技论著写作要遵循语法规则。句式主要是陈述句型,但论述复杂内容时,还需使用较为复杂的附加成分(定语、状语、补语),对中心词起补充、限定作用。撰写论著时长短句的选择要以读者能否迅速理解为标推,一般应选用易读的短词短句。要做到词语的合理搭配,词语使用错误、搭配不当、成分残缺和排列不当,都会形成病句。如"这篇文章的构思我完全同意,不过有几个地方还需商榷",句子中的"完全同意"与"有几个地方还需商榷"相互矛盾,既然完全同意就不应还有需商榷之处。某些论著中还常出现动词功能减弱的情况,致使文句表述啰嗦。如"对天气现象进行了观察",句中由于用了多余的词,把动词限于从属地位,感觉别扭;若把动词提前,改为"观察了解天气现象",句子就显得简练。再如"对……进行调查"可改为"调查……"、"……进行分析"可改为"分析……"。

3. 语言文字的简练性

简练即简明、凝练。理论观点是否有创新,科学上是否有发现,并不在于文章有多长,著作有多厚,文贵简练。一般情况下,论著语言的运用必须以中心论点为准绳,对论证中心论点有意义的内容要着力泼墨,而与论证中心论点关系不大的内容则一笔带过,惜墨如金。要注意炼字炼句,力争用尽可能少的文字表达比较丰富而清晰的内容,做到言简意赅。

(1)内容简练

作者应该认识到:文章越简练、越典型,越会受到编辑和广大读者欢迎。要做到行文精练,就不要把人所周知的、离题的、可有可无的材料(如,一些不必要的背景材料、历史回顾、乏味的细节、教科书中的常识性知识等)塞到文章内。也不要把没有代表性的数据、图表不加筛选,就随意放到正文中去,更要避免多余的解释性陈述、大量形容词和重复性语句,否则会使文章臃肿松散,浪费篇幅。气象学术论著主要是总结作者的研究新成果,对内容、材料要精心剪裁,与他人相重复的研究、基础性研究材料等,只要给出参考文献或作简要交代就可以,通过引用文献可精练文字、压缩篇幅,读者可从参考文献中获取更广泛的文献线索。

在论著写作中,论著的题名要简洁朴素、涵义确切。题名是能反映论著中特定内容的恰当、简明的词语的逻辑组合。判断一篇论著是否值得一读,首先是从题名开始的。例如在论文写作中,如《南京市大气细颗粒物化学成分分析》《天津城市热岛效应的时空变化特征》《中国近50a极端降水事件变化特征的季节性差异》《中国区域小时降水量融合产品的质量评估》等题名就简明扼要地表达了论文的中心内容和重要论点。论文摘要的编写,目的在于简单概括文章的要点,文字要少,重点要突出。首先要对文章的主题及其所属的领域和研究对象给予简短的叙述,对文章的理论或实验结果、结论以及其他一些有意义的观点给出明确、较具体的简要叙述。再如引言的写作,内容同样要求"简",引言是交待论文的写作背景(研究现状),提出论文要解决的问题,简要回顾并评价前人的工作,要侧重与本研究有关的内容,不要面面俱到。

(2)语言简明

科技论著语言的简明应当以词义的精确和对概念的严格限定,对事物的准确叙述说明方面去炼字、炼句,挑选唯一能够表达事物的本质特征的词语。要培养自己认识问题、分析问题的能力,抓住事物的本质,只有抓住本质,才能一语破的。为了语言的简洁,气象学术论著中常使用本学科专用的科学术语和各种符号语言,用浓缩的形式表达丰富的内容。例如,SST(Sea Surface Temperature,海表温度)、IOD(Indian Ocean Dipole,印度洋海温偶极子)等,都可以使语句更为准确、直观,使语言的信息负载量大为增加。

气象学术论著语言的精练还可以通过表格、插图等实现。插图和表格具有自明性和可读性的特点,可以替代用许多文字才能叙述清楚的情况,在进行事物的分类与对比时,表格能够很好地反映大气科学数据的变化特征和规律性特点,插图可以直观、形象、准确地表征事物的属性。气象学术论著中的插图主要分为等值线图、阴影图、风场图、图像(如野外照片、实物照片、遥感图像)等类型。如在叙述某一降水异常特征时,适当配以降水异常的分布图,便可直观地展示某一区域降水异常的空间分布及其与其他要素之间的相互的关系,文图互补,相得益彰。

4. 语言文字的规范性

科技论著的撰写有其特定的规范,无论是题名的设定、资料的引用、注释的标明、词语的选择、标点符号的运用等,都制定有一系列国家标准。如科技论文的前置部分有题名、署名、摘要、关键词、分类号,主体部分有引言、正文、结论、致谢、参考文献。每个部分的撰写都有具体的要求,要注意论著每部分该用哪些语句表达。题名要求做到确切、得体、鲜明、简短,既要概括全文内容,又要体现主题特色;署名要用真实姓名,表示对论著负责;摘要是以概括文章主要内容为目的,不加评论,要求简明、确切;关键词是文献的检索标识,是表达主题和要点的自然词汇;引言部分主要表述研究工作的缘由与工作基础,提出研究主体思路,引导读者阅读和理解全文;正文是科技论著的核心部分,表述分析问题、解决问题的过程和结果;结论是论著的结语,简述由正文引出的认识与观点;参考文献是作者对文章中引用的他人文献的集中著录,要将文献的相关信息正确标注出来。其他,如分类号、注释、插图、表格、数理公式、计量单位、数字、文字和标点符号等也要符合相应的国家标准。

6.1.2　文字表达举例分析

(1)明显的语法错误。语法错误(或称语病)一般有如下几类:用词不当,成分残缺,搭配不当,语序颠倒,结构混乱,详略失当,句式选用不当,句子组织不好。

【示例 1】

Snow 等[10]对美国新墨西哥州沙尘暴的时空分布用详细的观测资料进行了分析研究。

修改后:

Snow 等[10]用详细的观测资料研究了美国新墨西哥州沙尘暴的时空分布。

【示例 2】

……值变化范围为 0.58~0.88,局部地区超过 0.9。(前后矛盾,应根据实际情况修改)

【示例 3】

……,得到 CA-FCM 方法的评估效果很好。

修改后:

……,得到 CA-FCM 方法的评估效果很好的结论。

【示例 4】

"渗透系数与压力成线性变化关系"改为"渗透系数与压力呈线性变化关系"。

【示例 5】

"通过江苏能见度分析,表明……"改为"江苏能见度分析表明……"。

【示例 6】

"总地来说"应为"总的来说"。

【示例 7】

"不同程度的发生"应为"不同程度地发生"。

【示例 8】

"在温度为 63 ℃下"改为"在温度为 63 ℃时",或者"在温度为 63 ℃的条件下"。

【示例 9】

语序颠倒。"试验结果表明(表 1)……"改为"试验结果(表 1)表明……"。

"普遍学生认为"应为"学生普遍认为"。

(2)结构混乱。

【示例】

23 时在($116°E,26°N$)附近出现高值中心为 360 K。

修改后:

23 时在 $116°E$、$26°N$ 附近出现 θ_{se} 高值中心,θ_{se} 为 360 K。

(3)详略失当。

【示例】

监测的数据结果较好地反映了枣叶瘿蚊在枣园发生的各高峰时期及其变化趋势(图 1、图 2)。

从图 1、图 2 可看出,……——"从图 1、图 2 可看出"改为"可以看出"。

"热带印—太海区"改为"热带印度洋—太平洋海区"。

(4)统计学用语问题。

【示例】

相关系数的显著性达到 95% 的信度(应改为:相关系数在信度为 5% 时是统计显著的)。

阴影区为 t 检验信度检验达到 95% 的区域(应改为:阴影区表示 t 检验达到 95% 置信水平)。

阴影区为 t 检验信度检验达到 95% 的显著性水平(应改为:阴影区表示通过了 0.05 信度的 t 检验)。

6.2　标题和层次

标题是文稿内容的高度概括。标题应符合标题性语言要求,紧扣内容,言简意明,逻辑性强。拟定标题时切忌冗长,忌含糊不清,忌连词太多,忌标点过多。层次一般不宜过多,以免主次不清。但对于未编索引的工具书,层次可适当多些、细些,以便于检索和查阅。

标题通过不同层次表现其形式结构。标题层次的编排形式很多,要根据书稿的性质、特点和读者对象等灵活选用。编写标题时应注意以下几点。

(1)无论选取何种形式,全书必须前后统一。多人执笔的稿件,切忌各行其是。

(2)层次设置要符合书稿技术内容表述的要求,层次意义要清晰,同层次并列要明确,大概念、小概念的界定要清楚。

(3)同层次间形式表述应规范化,不能在同一层次序号后,有时出现标题,有时却无标题而直述其文。

翻译书稿原则上可以参照原著标题层次,但对于原著采用外文正斜体、黑白体或疏密排列等手段编排的标题层次,应做适当技术处理,以便于中国读者阅读。

以下是学术论著两种常用的标题和层次格式。注意这两种标题和层次格式不可混用。绪论一般放章前，与章同层次，当内容较多时可编为第一章。附录与参考文献放在末章后，与章同层次。以章为单位单独编码的参考文献放每章末，与节同层次。

第 1 章	或	第一章
1.1	或	第一节
1.1.1	或	一、
1.1.1.1	或	（一）
1.	或	1.
（1）	或	（1）
1）	或	1）
①	或	①

注意：有篇或部分的章号要连续排，不要单独再起第 1 章。

第 1 篇（部分）

第 1 章

第 2 章

第 3 章

第 2 篇（部分）

第 4 章

第 5 章

……

6.3　标点符号

6.3.1　写作中标点符号的正确使用

标点符号是书面语言的组成部分，具有辅助修辞和帮助文意表达的作用，因而其使用很有讲究，但也有灵活性（王劲松，2004）。在稿件审阅过程中，经常碰到文笔流畅但标点符号屡犯错误的情况，根据国家标准《标点符号用法》（GB/T 15834—2011），常见的标点符号使用错误主要有以下十种情况。

（1）多个书名号或引号并列时使用顿号分隔

【示例 1】

……要积极贯彻落实《中华人民共和国气象法》、《气象预报发布与传播管理办法》、《气象信息服务管理办法》、《中华人民共和国民用航空法》及相关要求。

修改后：

……要积极贯彻落实《中华人民共和国气象法》《气象预报发布与传播管理办

法》《气象信息服务管理办法》《中华人民共和国民用航空法》及相关要求。

【示例2】

公安部门要加强校园"警务室"、"护学岗"、"安全网"建设,落实护校制度。

修改后:

公安部门要加强校园"警务室""护学岗""安全网"建设,落实护校制度。

分析:标有引号的并列成分之间、标有书名号的并列成分之间通常不用顿号。若有其他成分插在并列的引号之间或并列的书名号之间,宜用顿号。

(2)在标示数值和起止年限时使用连接号不规范

【示例1】

基于 1982~2013 年逐月 NCEP 资料及 GODAS 资料……

修改后:

基于 1982—2013 年逐月 NCEP 资料及 GODAS 资料……

【示例2】

……5-7 天连阴雨的 50 年累计频次在中国东南部较大……

修改后:

……5~7 d 连阴雨的 50 a 累计频次在中国东南部较大……

分析:标示时间、地域的起止一般用一字线(占一个字符位置),标示数值范围起止一般用浪纹线。

(3)在并列分句中使用逗号统领

【示例】

各职能部门在查处取缔无证无照经营工作中要各司其职、互相配合,工商部门负责查处取缔未取得有效许可证擅自从事经营活动的行为;工信部门负责依法监督管理无线电和电子电器产品维修行业;公安部门负责依法监督管理旅馆业、公章刻制业。

修改后:

各职能部门在查处取缔无证无照经营工作中要各司其职、互相配合;工商部门负责查处取缔未取得有效许可证擅自从事经营活动的行为;工信部门负责依法监督管理无线电和电子电器产品维修行业;公安部门负责依法监督管理旅馆业、公章刻制业。

分析:用分号隔开的几个并列分句不能由逗号统领或总结。

(4)在并列分句中使用句号后再使用分号

【示例】

一是养老保险安置。对进入企业工作的失地农民要同企业员工一样纳入企业职工基本养老保险;二是医疗保险安置。城镇居民医疗保险制度已建立,可参加城镇居民医疗保险。

修改后：

一是养老保险安置。对进入企业工作的失地农民要同企业员工一样纳入企业职工基本养老保险。二是医疗保险安置。城镇居民医疗保险制度已建立,可参加城镇居民医疗保险。

分析：分项列举的各项或多项已包含句号时,各项的末尾不能再用分号。

(5)同一形式的括号套用

【示例】

围绕政府半年工作开展回头看,认真总结上半年工作,科学谋划下半年工作。(责任单位:各镇(街道))

修改后：

围绕政府半年工作开展回头看,认真总结上半年工作,科学谋划下半年工作。[责任单位:各镇(街道)]

分析：同一形式的括号应尽量避免套用,必须套用括号时,应采用不同的括号形式配合使用。

(6)阿拉伯数字表示次序时使用点号不当

【示例 1】

1、督促主办单位按时办结。

修改后：

1. 督促主办单位按时办结。

【示例 2】

(1)、督促协办单位按时办结。

修改后：

(1)督促协办单位按时办结。

分析：带括号的汉字数字或阿拉伯数字表示次序语时不加点号,不带括号的阿拉伯数字、拉丁字母做次序语,后面用下角点(圆心点)。

(7)在图、表说明文字末尾使用句号

【示例】

(图表略)

注:以上各项数据统计截至时间为 2012 年 12 月 31 日;城市人口指常住户籍人口;规模工业企业个数统计为新口径。

修改后：

注:以上各项数据统计截至时间为 2012 年 12 月 31 日;城市人口指常住户籍人口;规模工业企业个数统计为新口径

分析：图或表的短语式说明文字,中间可用逗号,但末尾不用句号。即使有时说明文字较长,前面的语段已出现句号,最后结尾处仍不用句号。

（8）句内括号行文末尾使用标点符号不当

【示例】

为加强对全区查处取缔无证无照经营综合治理工作的领导，决定成立××区查处取缔无证无照经营综合治理工作领导小组（领导小组组长由常务副区长兼任，副组长由××局局长兼任。），负责该项工作的协调处理。

修改后：

为加强对全区查处取缔无证无照经营综合治理工作的领导，决定成立××区查处取缔无证无照经营综合治理工作领导小组（领导小组组长由常务副区长兼任，副组长由××局局长兼任），负责该项工作的协调处理。

分析：括号内行文末尾需要时可用问号、叹号和省略号。除此之外，句内括号行文末尾通常不用标点符号。

（9）附件名称后使用标点符号

【示例】

附件：1.××区查处取缔无证无照工作领导小组成员名单；

修改后：

附件：1.××区查处取缔无证无照工作领导小组成员名单

分析：附件名称后不用任何标点符号。

（10）二级标题在换行分段情况下使用句号

【示例】

（一）整合监管职能和机构。

为减少监管环节，保证上下协调联动……

修改后：

（一）整合监管职能和机构

为减少监管环节，保证上下协调联动……

或者：

（一）整合监管职能和机构。为减少监管环节，保证上下协调联动……

分析：二级标题在换行分段时不使用句号，如使用句号则不需要换行分段。

6.3.2　标点符号举例分析

（1）简单复句内断了句。

【示例】

……。而……。

……。而且……。

虽然……。但……。

由于……。所以……。

分析：后一个关联词前的句号应改为逗号

修改后：

……，而……。

……，而且……。

虽然……，但……。

由于……，所以……。

（2）不该用分号的地方用了分号。

【示例】

图 3d 中的箭头线为源于对流层顶附近沿弯曲等熵面上的气流轨迹，左侧的轨迹线接近地面；右侧轨迹线凌驾于地面锋面之上。

分析：并列分句不在第 1 层次上，分号应为逗号。

（3）冒号误用。

【示例 1】 在非提示性话语之后用了冒号。

这与文[5]的结论：一致性算法具有良好的平方收敛速度是一致的。（冒号应删去）

【示例 2】 第 2 种该用冒号而未用。

式中 c 为……；r 为……；t 为……。（"式中"后是并列分句，其后应加冒号）

由图 2 可见，……；……。（"可见"后是并列分句，其后应加冒号）

【示例 3】 在同一个语言片段里，冒号套冒号。

非绝热加热系数取：赤道印度洋与赤道中东太平洋区：①＝0.1×10^{-4}；②＝1×10^{-4}；③＝2×10^{-4}。赤道印度洋西区、东区和 Niño1＋2 区、Niño3 区：①＝1.5×10^{-4}；②＝3×10^{-4}。

修改后：

赤道印度洋与赤道中东太平洋区非绝热加热系数取：①＝0.1×10^{-4}；②＝1×10^{-4}；③＝2×10^{-4}。赤道印度洋西区、东区和 Niño1＋2 区、Niño3 区非绝热加热系数取：①＝1.5×10^{-4}；②＝3×10^{-4}。

X 射线检查：Ⅰ型：共 5 例；Ⅱ型：共 3 例。

修改后：

X 射线检查：Ⅰ型，共 5 例；Ⅱ型，共 3 例。

（4）2 个层次的并列词语之间，第 1 层次上未改用逗号。

【示例 1】

致谢：本文得到南京××大学的陈××教授、刘××博士、××省气象局陆××高工、谢××博士的大力协助，谨致谢意！

分析：第 2 个顿号应改为逗号。

(5)"一逗到底"和句号多用。

(6)英文摘要中有不符合英语规范的地方,如:用了中文的顿号(、)、破折号(——)、范围号(一或～)等。

(7)"～"的名称:范围号。读法:"至"或"到"。用法:表示数值(不是"数字")的范围或起止才用范围号"～"。如 $1\sim2$ m,$80\sim120$ 次/min,$25\%\sim75\%$,$60°\sim120°E$,$100\sim150$ g,4 h～4 h50 min(前者"h"不能省略),200 万～300 万(前者"万"不能省略),$3\times10^5\sim4\times10^5$(前者"$10^5$"不能省略)或$(3\sim4)\times10^5$。

"—"(一字线)。年、月、日不是"数值范围",宜用"到""至"或用连接符"—"(一字线)。气象学的资料和个例分析常涉及到时间的表达,规范表达显得尤其重要,如1999-05-01T18:21:06—2001-11-29T02:02:15,2001-03-20T08—16,2000-06-01—2001-08-09,1996—1999 年,1990 年 6 月 15—19 日。汉字连接也可用"—",如降水呈现多—少—多的变化趋势,偏西—西南风。

"-"(英文连字符)。如 FY-1C 气象卫星,ISSN 1000-2022,2000-12-09,T-ln$p$ 图等。参考文献中用"-"表达页码的开始和结束,以及连续编号的参考文献的连接。如"125-203"、文献[1-5]、文献[1-2]、文献[1,3-5]等。

6.4 字与数字

用字的规范关系到书稿的表述,在中文书稿编写过程中对用字有以下要求。

(1)撰稿一律使用规范简体字,禁止使用自造字、异体字、俗体字、废止字。

(2)凡人名、地名、器物名称等必须使用的繁体字、异体字,由撰稿人在字周围标注。

(3)规范简体字形以最新《现代汉语词典》《简化字总表》和新版《辞海》为准。

(4)数字用法按中华人民共和国国家标准 GB/T 15835—2011《国家标准出版物上数字用法》(中国国家标准化管理委员会和中华人民共和国的国家质量监督检验检疫总局,2011)执行。强调以下几点。

①行文中需要表达的数目概念,凡可使用阿拉伯数字且得体的地方,均按统一的原则使用阿拉伯数字。如 15 万、200 米。凡公历世纪、年代、年、月、日、时刻、百分比、分数、比例以及各种记数,均采用阿拉伯数字。如 19 世纪、40 年代、2001 年 10 月 1 日、下午 4 时、2 万余册等。

②引文出处的卷次、册次、页次,无论原书是何种数字,均统一使用阿拉伯数字。

③数字作为词素构成定型的词、词组、惯用语、约略数目概念及带有修辞色彩的数目概念,仍用汉字数字表示。如星期五、第一、四水六岗、二三百、六七月份、数十万人、第一届等。

④年份不能简写,如 1587 年不能写成"87 年";更不能写成"今年"或"去年"等。

百分数范围应规范,如 20%～30% 不能写成 20～30%。

⑤中文文章中小数点前后 4 位数以上(4 位数可不执行,但应全书统一)应采用三位分节法,从小数点起,向左和向右每 3 位数字为 1 节,节与节之间用 1/4 空格隔开,即采用"千分空"方式。例如:

1 000　20 000　3 000 000　27.345 67　1 234.788 9

英文和日文文章中,小数点前后 4 位数以上(4 位数可不执行,但应全书统一)应采用三位分节法,整数部分每 3 位为 1 节,小数部分不分节,节与节之间用逗号隔开,即采用"千分撇"方式。例如:

1,000　20,000　3,000,000　27.345,67　1,234.7889

⑥对于一些庞大的数字,通常采用"$a \times 10^n$"的方法表示。在有有效位数限制时,根据有效位数的多少确定形式。如有效位数为 3 位,那么,120000 应记为 1.20×10^5,而不能记为 1.2×10^5 或 12×10^4 等,也就是说,a 必须是 3 个数。

⑦阿拉伯数字"0"有"零"和"〇"两种汉字书写形式。一个数字用作计量时,其中"0"的汉字书写形式为"零",用作编号时,"0"的汉字书写形式为"〇"。如"95.06"的汉字数字形式为"九十五点零六"(不写为"九十五点〇六")。

⑧如果一个数值很大,数值中的"万""亿"单位可以采用汉字数字,其余部分采用阿拉伯数字。如我国 1982 年人口普查人数为 10 亿零 817 万 5288 人。除上面情况之外的一般数值,不能同时采用阿拉伯数字与汉字数字。

6.5　数学符号和公式

数学语言是世界上最科学的语言。构成数学语言的每一个数学符号,都有其准确而固定的意义。大气科学论著在表述现实世界的空间形式和数量关系时,要使用大量的数学符号。任何一个符号运用不当,都会引起混乱,甚至会造成严重的后果(郑进保和陈浩元,1996)。

6.5.1　数学符号的字体要求

这里主要涉及数学符号使用中的正体、斜体、黑体和其他一些特殊字体,特定的字体表达了某些特定的数学含义和功能。

1. 正体的情况

(1)数学中的运算符号和缩写号,如微分号 d,偏微分号 ∂,积分 $\int$,有限增量符号 Δ,极限 lim,行列式 det,极大值 max,实部 Re,虚部 Im,矩阵转置符号 T。

(2)特殊符号和特殊算子符号,如圆周率 π,自然对数的底 e,虚数 i,散度 div,拉普拉斯算子 Δ,梯度 grad(黑白体均可),旋度 rot(黑白体均可)。

（3）在 GB3102.11—93 中列出的 23 个特殊函数,如勒让德多项式 Pl(x)。

（4）标准函数,如 sin,cos,tan,arcsin,arccos,sinh,cosh,lg,ln,lb。

（5）5 个特殊集合符号,如 N(非负整数集,自然数集)为白空或黑正体。

（6）量符号中除表示量和变动性数字及坐标轴的下标字母,如海面温度 T_{ss} 的下标 ss(sea surface)就是正体。

2. 斜体的情况

（1）量符号和量符号中代表量或变动性数字的角标字母,如温度 T,雷诺数 Re,比定压热容 c_p。

（2）几何图形中表示点、线、面、体的字母以及坐标系符号,如点 A,线段 AB,笛卡儿坐标 $Oxyz$。

（3）矩阵、矢量和张量为黑斜体,如矩阵 $\boldsymbol{A},\boldsymbol{Q}$ 矢量。而矩阵元素为白斜体。

（4）普通函数,如 $f(x),g(x),P(x)$。

6.5.2　数学符号举例分析

【示例 1】自造符号。

$a \doteq b$(原意为 a 约等于 b)。

按国家标准,"约等于"的符号应为"≈",符号"$\doteq$"是自造的。因而,上式的规范写法为 $a≈b$。

空集符号是 ∅,而不是 ϕ。

【示例 2】使用废弃符号。

ctg$\theta = a/b$。

余切函数符号 ctg 曾在一些教科书上出现过,现已弃之不用。国家标准规定余切函数的符号为 cot,不允许使用 ctg 这种符号。因而,上式的规范写法应如下。

cot$\theta = a/b$。

同理,tgθ 应规范写为 tanθ。

【示例 3】该用正体字母的用了斜体。

$[\cdots\cdots]^T$ 中的"转置"符号 T 应为正体;dt 中微分符号 d 应为正体;ΔR 中的有限增量符号 Δ 应为正体;特殊常数 π 应为正体;指数函数"e"排成了斜体,应为正体。

"下标 c 为临界状态,r 为对比态参数,s 为饱和状态,其余为常数"中,c、r、s 应为正体。

【示例 4】该用斜体字母的用了正体。

量符号,如密度 ρ、气压 p(应为 p)、雷诺数 Re 等,全部排成了正体。

"n=8"应为"$n=8$"。

"F 值"应为"F 值"。

【**示例 5**】符号错用。

$\tan^{-1}$ 应为 $\arctan$；$\text{tg}^{-1}(\mu)$ 应为 $\arctan\mu$；1:4 应为 $1:4$；$D\text{>}=400$ mm 中 ">=" 应为 "$\geqslant$"；"$i=1,2\cdots\cdots$" 应为 "$i=1,2,\cdots$"。

【**示例 6**】数学式转行时，运算符号或关系符号未放在上行末，而放在了下行首。

$$I_C=aZ_{30}$$
$$+bZ_{90}+CM_{30}。$$

应为

$$I_C=aZ_{30}+$$
$$bZ_{90}+CM_{30}。$$

6.6　表格与插图

6.6.1　表格的编排

表格简称表，是记录数据或者事物分类的一种有效表达方式，是科研工作不可缺少的一部分，必须遵循统一的规范才能达到互相交流的目的（李小冰，2012；李学军，2015）。由于具有简洁、清晰、准确的特点，同时表的逻辑性和对比性又很强，可以作为文字叙述的辅助和补充，因而表在大气科学论著中被广泛应用。如果表格选用得合适、设计得合理，不仅会使论著论述清楚、明白，还可收到美化版面、节省版面的效果。

1. 表格的基本构成要素

（1）表序和表题

表序按照表格在文中出现的顺序编号，如"表 1、表 2……"（论文）或"表 1.1、1.2……"（专著）全文只有一个表格时为"表 1"或"表 1-1"。表题即表格的名称。表题要简明扼要，便于阅读和理解表的内涵。表序和表题一并放在表格上方，表序在前，表题在后，表序与表名之间空一个汉字的位置，不使用任何标点符号。

（2）项目栏

项目栏指表格顶线与栏目线之间的部分。一般就要设置若干个"栏目"，即该栏目的名称，它反映了表身中该栏目信息的特征和属性。当该栏目是物理量时，项目由量和单位符号组成，量的名称或符号与单位符号采用"量/单位"形式，如，"$t/℃$"。专著中也可采用"量（单位）"的形式，如"t（℃）"，但要注意全书统一，以下此类不再注出，主要介绍"量/单位"这种形式。

（3）表身

表身是表格中栏目线下、底线以上部分，是表格的主体，容纳了表格中大部分信息。

（4）表注

必要时,应将表格中的符号、标记及要说明的事项,以最简练的文字列于表下作为表注。

2. 表格编排的规则

（1）表格设计要合理,可读性强,涉及的量和单位应准确无误。

（2）一般先文后表,切忌与图、文字叙述重复,表中数据的有效位数要相等。

（3）表身内数字一般不带单位,单位置于栏目中。当表格全部栏目中的单位均相同时,则将共同单位标示在表格顶线上方右端。

（4）表中"0"表示测值为 0;"—"表示未测得值;"空白"表示无此项。

（5）可用三线表,也可用全封闭表,但为了全稿统一,应只采用一种形式,如三线表。

3. 三线表编排的规则

表格是学术论著的重要组成部分,表格的规范化问题一直受到科技编辑的重视（刘长英,1994;柏晶瑜,2012;李东,2013;马迎杰 等,2015;王丽恩等,2015;李洁 等,2019;骆瑾和王昕,2019）。目前,三线表以其形式简洁、功能分明、阅读方便而在科技论著中被推荐使用。三线表通常只有三条横线,即顶线、底线和栏目线（见图 6.1;注意:没有竖线）。当然,三线表并不一定只有 3 条线,必要时可加辅助线,但无论加多少条辅助线,仍称做三线表。三线表的组成要素包括:表序、表题、项目栏、表身、表注。三线表比传统卡线表简洁、清晰,但增加了栏目设置的难度。

图 6.1　三线表的结构要素

三线表栏目设置的原则如下。

（1）表格应具有自明性,即表自身给出的信息就能够说明欲表达的内容。

（2）项目栏要与表题匹配,即将表题要强调的信息特征作为项目栏中的各个栏目加以设置,同时根据表题强调的主次关系设置栏目的先后顺序。

（3）表格竖读的特性,即项目栏中各个栏目应与竖向该栏内的信息相对应,也即竖向栏内的信息一定不能放为横向。

（4）设置多层栏目时,第 1 层栏目应为第 2 层栏目的特征或属性、或存在的前提条件等;第 2 层栏目应为第 3 层栏目的特征或属性、或存在的前提条件等;依次类推。

(5)不能随意添加辅助线,辅助线的位置要合理、长度不能任意延长或缩短。

(6)单位符号应灵活表达。当栏目由量和单位符号组成时,单位符号放在量名称或量符号后,中间用斜分数线(/)隔开。即"量符号/单位符号(量纲不为 1 时)"＝表身中相应栏内的数值,或者"量符号及前面的因数(量纲为 1 时)"＝表身中相应栏内的数值。当栏目表示百分率时,也可表示为"量符号/％"的形式,"％"不是单位符号,其前面用"/"是暂时把它与单位作同样处理。如果表格内的全部或大部分栏目中的单位均相同(指包括词头在内的整个单位都一样),则可把共同的单位提出来标示在表格顶线上方的右端。

4. 三线表格编排举例分析

(1)表格要遵从竖读的要求。

【示例 1】

表 6.1　各天气现象下的消光系数

	雨天平均	雪天平均	霾天平均	晴天平均
总消光系数	641.23	1563.82	827.54	408.89
总体标准偏差	855.98	1618.08	1429.87	490.82

分析:表没有遵从竖读的习惯。

修改后:

表 6.1　各天气现象下的消光系数

天气现象	总消光系数	总体标准偏差
雨天	641.23	855.98
雪天	1563.82	1618.08
霾天	827.54	1429.87
晴天	408.89	490.82

【示例 2】

表 6.2　2010 年 12 月宣恩 6 次雾过程温度的层结变化

内容 \ 日期	09 Dec 2010	20 Dec 2010	22 Dec 2010	10-11Dec 2010	21 Dec 2010	23 Dec 2010
雾产生前 6 h 上层逆温底气温 /℃	4.00 0.00	5.60 0.70	4.70(前 5 h)	8.40 9.60	2.60 0.00	8.50 3.00
雾产生时上层逆温底气温/℃	−0.67	−0.82	1.40	+0.20	−0.50	−0.90

续表

日期 内容	09 Dec 2010	20 Dec 2010	22 Dec 2010	10-11Dec 2010	21 Dec 2010	23 Dec 2010
上层逆温底部温度变化率/(℃·h⁻¹)				−0.66		
雾产生前 6 h 地面气温/℃	3.20	4.10	4.30	10.30	5.80	7.30
雾产生时地面气温/℃	2.00	2.00	2.10	11.30	2.30	2.40
雾产生前地面温度变化率/ (℃·h⁻¹)	−0.20	−0.35	−0.37	+0.17	−0.58	−0.81
雾体内中下部温度递减率/ (10⁻²·℃·m⁻¹)	1.00	0.70	0.70	0.32	0.50	0.40

注:温度递减率指雾形成时近地层不稳定层结气层。若雾形成前 6 h 没有上层逆温,则采用对应高度处的温度。若前 6 h 时刻无探空,采用相邻时刻数据。

分析:表设置混乱,且表没有遵从竖读的习惯。

修改后:

表 6.2　2010 年 12 月宣恩 6 次雾过程温度的层结变化

日期	雾产生前 6 h 上层逆温底 气温/℃	雾产生时 上层逆温底 气温/℃	上层逆温底部 温度变化率 /(℃·h⁻¹)	雾产生前 6 h 地面 气温/℃	雾产生时 地面气温 /℃	雾产生前地 面温度变化率 /(℃·h⁻¹)	雾体内中下部 温度递减率/ (10⁻²·℃·m⁻¹)
9 日	4.00	0	−0.67	3.20	2.00	−0.20	1.00
10—11 日	8.40	9.60	0.20	10.30	11.30	0.17	0.32
20 日	5.60	0.70	−0.82	4.10	2.00	−0.35	0.70
21 日	2.60	0	−0.50	5.80	2.30	−0.58	0.50
22 日	4.70(前 5 h)	1.40	−0.66	4.30	2.10	−0.37	0.70
23 日	8.50	3.00	−0.90	7.30	2.40	−0.81	0.40

(2)图表不能重复。

【示例】

表 6.3　各平均地表温度的最高和最低值

	观测资料	ERA	NCEP-1	NCEP-2
最高温度	13	7	4	6
最低温度	−1	−6	−10	−11

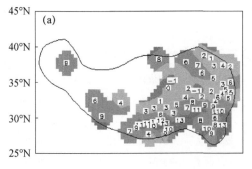
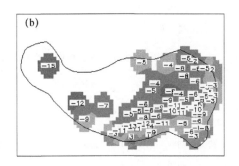
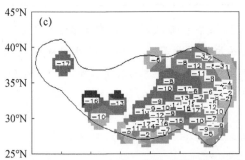
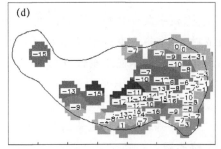

图 6.2　观测(a)、ERA(b)、NCEP-1(c)和 NCEP-2(d)平均地表温度的空间分布
（单位：℃；图 a 中的填值表示观测平均地表温度的数值,图 b、c、d 中的填值表示再分析地
表温度与观测平均地表温度的偏差,实线所含区域海拔高度在 3 000 m 以上）

分析:表 6.3 和图 6.2 实际上是表达的同一个东西,显得重复啰嗦,因此仅留下表格即可,且表格要转竖。

修改后:

表 6.3　各平均地表温度的最高和最低值　　　　　　　　　　　　　　　℃

资料	最高温度	最低温度
观测资料	13	−1
ERA	7	−6
NCEP-1	4	−10
NCEP-2	6	−11

（3）合理添加辅助线

【示例 1】

表 6.4　各水闸设计水位与其多年平均最高水位比较统计表

水闸类型	设计水位∇_d与多年平均最高水位$\overline{\nabla}$差值$\nabla_d - \overline{\nabla}$的统计特征、$\nabla_d$与$\overline{\nabla}$的相关性						
	均值	标准差	变异系数	极大值	极小值	极差	相关系数
沿内河水闸	0.536 5	1.658 9	3.091 8	6.200 5	−2.877 4	9.077 9	0.986 1
沿黄海挡潮闸	1.311 2	0.519 5	0.396 2	2.691 5	0.470 0	1.621 5	0.983 0
沿长江挡潮闸	1.238 2	1.056 8	0.853 5	2.875 2	−0.681 5	3.556 7	0.787 0

分析：一般栏目如能合理安排，应独立设置；当栏目表达的内容复杂、不能独立设置时，一个解决办法就是添加辅助线，设置为多层栏目。多层次栏目间辅助线若添加不当，同样不能正确设置栏目。表 6.4 中第 2 层栏目"均值、标准差、……、极差"共同隶属于"的统计特征"，而栏目"相关系数"不隶属于"的统计特征"，因此，辅助线应添加在第 2 层栏目"均值、标准差、……、极差"与第 1 层栏目"的统计特征"之间，不能将辅助线随意延长到其他栏，而"相关系数"栏目属性明确，应独立设置。

修改后：

表 6.4　各水闸设计位（∇_d）与其多年平均最高水位（$\overline{\nabla}$）差值统计特征

水闸类型	$\nabla_d - \overline{\nabla}$的统计特征						∇_d的$\overline{\nabla}$相关系数
	均值	标准差	变异系数	极大值	极小值	极差	
			……				

【示例 2】

表 6.5　1959—1991 年各界限温度的平均初、终日期及持续日数

站名	市气象站			新兴			白果坪		
界限温度	初日	终日	持续日数	初日	终日	持续日数	初日	终日	持续日数
0℃	1/1	29/12	358	6/1	30/12	357	11/3	28/11	253
5℃	12/2	18/2	305	23/2	9/12	285	13/3	26/11	253
10℃	19/3	17/11	246	24/3	8/11	224	14/4	26/10	254

分析：三线表无论加多少条辅助线，仍称作三线表。需要强调的是，辅助线不能贯穿全表。表 6.5 中将 3 个双层栏目间的辅助线相连贯穿全表作为栏目线，而将真正的栏目线缺省，形成现在只有 3 条线的所谓的三线表，这是不正确的。根据辅助线添加等栏目设置的原则。

修改后：

表 6.5　1959—1991 年各界限温度的平均初、终日期及持续日数

界限温度/℃	市气象站			新兴			白果坪		
	初日	终日	持续日数	初日	终日	持续日数	初日	终日	持续日数
				······					

（4）合理设置栏目

【示例】

表 6.6　3 个气象站不同保证率对应的各界限温度的初、终日期

站名		市气象站		新兴		白果坪	
	99	1/2	12/12	7/2	12/12	6/4	12/11
	95	1/1	31/12	6/2	25/12	1/4	16/11
0℃	90	1/1	31/12	4/2	30/12	25/3	17/11
	80	1/1	31/12	7/1	30/12	21/3	25/11
	50	1/1	31/12	6/1	30/12	11/3	28/11
	99	9/3	21/11	14/3	16/11	6/4	12/11
	95	3/3	29/11	11/3	20/11	31/3	14/11
5℃	90	1/3	4/12	7/3	24/11	25/3	17/11
	80	26/2	7/12	26/2	30/11	22/3	21/11
	50	12/2	18/12	23/2	9/12	13/3	26/11

分析：以表 6.6 为例，栏目设置存在以下几个问题：首先，栏目设置与表题不匹配。表题反映的信息"界限温度"、"保证率"、"初日"、"终日"没有设置相应的栏目与之匹配。其次，缺少横向栏目。表身反映了相应的内容，却没有相应的栏目标识。最后，栏目设置没有遵循表格竖读的原则。栏目"站名"是"市气象站、新兴、白果坪"的共同属性，"市气象站、新兴、白果坪"应放在栏目"站名"的竖向栏内，不能横向放置。因此，表 7 的栏目设置是错误的。

修改后：

表 6.6　3 个气象站不同保证率对应的各界限温度的初、终日期

站名	保证率/%	界限温度/℃			
		0		5	
		初日	终日	初日	终日
	99	02-01	12-12	03-09	11-21
	95	01-01	12-31	03-03	11-29
市气象站	90	01-01	12-31	03-01	12-04
	80	01-01	12-31	02-26	12-07
	50	01-01	12-31	02-12	12-18
新兴		······			
白果坪		······			

6.6.2 插图的绘制

1. 插图的基本构成要素

除了图本身之外,插图还包括以下基本构成要素(图 6.3;杨开宇,2003):

(1)图序和图题

图序即插图的序号,如论文中,序号应为"图 1、图 2……"全文只有一个插图时为"图 1"。专著中,序号应为"图 1.1、图 1.2……",只有一个插图时,为"图 1.1"。图名应准确得体,简短精炼,真正反映出插图的特定内容。每个插图必须有图序、图题。图序与图题之间留一个汉字的空格,其间不用任何标点符号,放在图片的下方。

(2)标目(量/单位)

标目是说明坐标轴物理意义的必要项目。通常,它要求由物理量的名称或符号和相应的单位组成。物理量的符号应该按照 GB3100～3102—93 给出的斜体字母标注,尽量避免使用中、外文的文字段(或缩写字母)来代替符号。标目应采用"量/单位"或"量(单位)"的形式,如:时间 t/h 或 $t(h)$、气压 p/hPa 或 $p(hPa)$。标目表达应准确无误,如:"日/月"应为"日期";"月/年"应为"月份";"时间"(坐标轴上给出的数字是 1980,1990,2000 等)应为"年份";"时间"(坐标轴上给出的数字是 07-05,07-10,07-15 等)应为"日期";"时间"(坐标轴上给出的数字是 1999-06-05T08,1999-06-05T14 等)应为时刻,标注为"北京时"(BST)或"世界时"(UTC)或"当地时"(LST)等;$\theta/°$ 应为 $\theta/(°)$;"速度/m/s"应为"速度/$(m \cdot s^{-1})$"。

插图标目内容应与图题内容相吻合。有的插图按照插图表达的学术含义,应是"降水均方差"或"水汽通量散度",而图题却描述为"降水方差"或"水汽通量",显然"牛头不对马嘴"。

(3)标值和标值线

标值线又称"(坐标轴的)刻度线",它是坐标线经简化后在纵横坐标轴上的残余线段,与标值线对应的数字成为标值。一般情况下,插图坐标数值范围为 0.1～1000,超出这个范围时,宜采用指数形式或变化单位词头来表达,如:坐标标值为 10 000,20 000,30 000,…,标目中的单位为 $\mu g/g$,此时应将单位改为 mg/g,相应地标值改为 10,20,30,…

(4)图注

图注是指插图的注解和说明。图注的行长一般不应超过图的长度。插图上的图注说明文字应力求简洁准确。除物理量和单位的表达必须遵循国家标准的规定外,所选用的名词术语一定要与正文中所使用的一致。应删去一切在正文中没有交代或与正文表述内容不相关的文字、数字和符号。如果插图中需要标注较多的文字说明,而插图的幅面上又没有足够的空白,那么把需要说明的文字用序号或符号代替注于图面上,然后把序号或符号所代表的实际意义,以图注的形式注于图下。

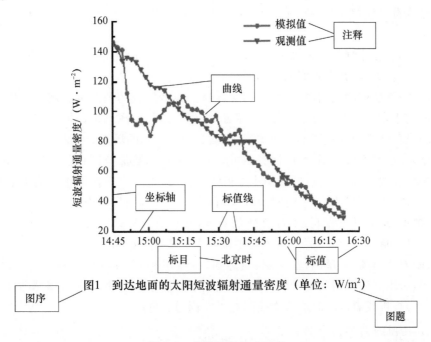

图1　到达地面的太阳短波辐射通量密度（单位：W/m^2）

图 6.3　曲线图的构成要素

2. 插图绘制的规则

插图绘制的基本要求:插图要精选,并非多多益善。这有两方面的含义:①根据要描绘的对象和插图本身的功能,决定能否采用插图;三言两语能说清楚的就用文字叙述,否则考虑用插图或者表格。若需要直观地表现事物之间的关系或者事物的运动过程,以及参量变化的过程和结果,宜采用插图。②在初步确定采用插图的基础上,对同类插图进行分析比较,看能否合并甚至删减。这样,最后精选出确有必要、为数不多、各有典型性的插图,从而达到准确、简明、生动表达科学内容的要求。

除了上述的基本要求之外,插图绘制还要遵循以下规则:

(1)在文中要先文后图。

(2)图形应清晰、大小合适、美观、有良好的可读性。

(3)图的坐标要清楚、无误。

(4)图中的量和单位、阴影区等应交代清楚。

(5)插图上的图注说明文字应力求简洁准确。除物理量和单位的表达必须遵循国家标准的规定外,所选用的名词术语一定要与正文中所使用的一致。应删去一切在正文中没有交代或与正文表述内容不相关的文字、数字和符号。如果插图中需要标注较多的文字说明,而插图的幅面上又没有足够的空白,那么把需要说明的文字用序号或符号代替注于图面上,然后把序号或符号所代表的实际意义,以图注的形式注于图下。

(6)作者在绘制原始插图时,就应考虑该插图发表时可能遇到的问题——数字大小、缩尺比例等,并设置好原始插图的数字大小。

(7)根据插图的应用场合,采用相应设置。作者绘制的插图可能用于出版发表,也可能用于学术会议上作学术报告,那么,内容一致的插图就可以根据需要不同,采用不同设置并绘制成不同形式的图形,以满足插图在不同场合的需要。

(8)在绘制论著插图时,应注意图中等值线标记的数值范围是否合理,是否符合专业惯例和国家规范。例如:插图中等值线标记为"$-2e^{-05}$"(图题中说明为散度,单位:s^{-1})、"0.00002"(图题中说明为涡度,单位:s^{-1})。显然,例中等值线标记的数字过多、数值过小,且不直观,不符合规范要求,其等值线标记应改为"-2"(图题中说明为散度,单位:$10^{-5}\ s^{-1}$)、"2"(图题中说明为涡度,单位:$10^{-5}\ s^{-1}$)。

(9)对阴影图、卫星图、雷达图、遥感图,一般处理为灰度图,有条件的可以采用彩色图,否则即使采用灰度图,也较难识别图中的信号(如卫星多波段遥感图等)。

(10)投稿或者修改时应考虑插图是否印刷为彩色插图。

3.插图绘制举例分析

(1)提供清晰的图

避免以下不清晰的图。

【示例1】

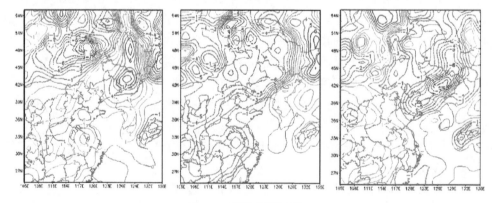

图6.4　不清晰图示例1

【示例 2】

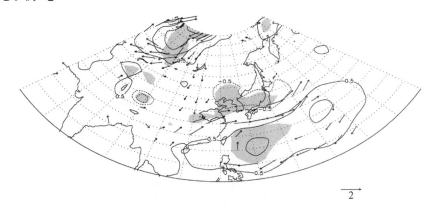

图 6.5　不清晰图示例 2

（2）等值线上数值大小要适中

【示例 1】

分析：等值线上数值太小，读者看不清楚（图 6.6）。

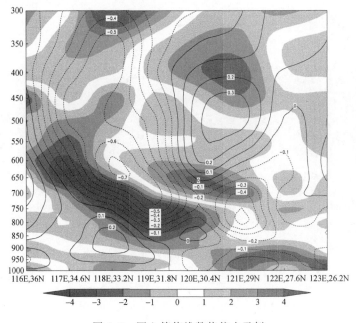

图 6.6　图上等值线数值偏小示例

【示例2】

分析：等值线上数值大小适中（图6.7、图6.8）。

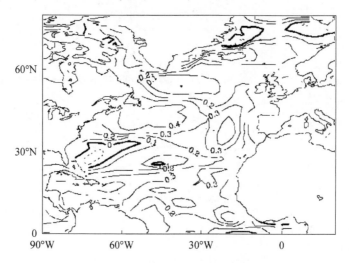

图6.7　图上等值线数值大小适中示例

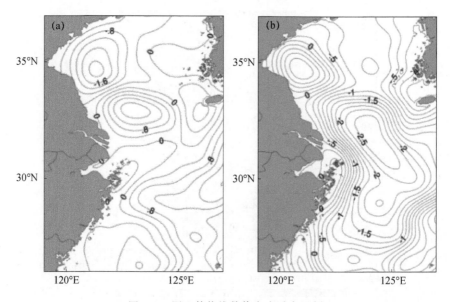

图6.8　图上等值线数值大小适中示例

（3）合理绘制色标

【示例1】

分析：缺少色标，阴影图要有相应的色标（图6.9）。

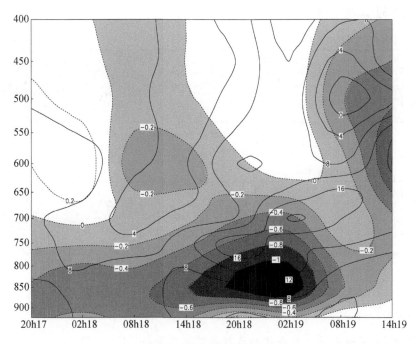

图 6.9　图中缺少色标示例

【示例 2】

分析:色标层次不清晰,无法分清数值大小(图 6.10)。

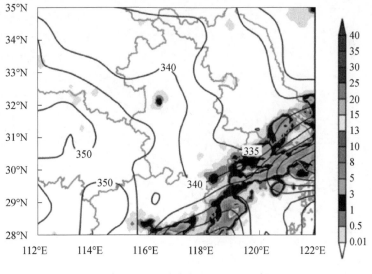

图 6.10　图中色标层次混乱示例

【示例3】正确示例（图 6.11）。

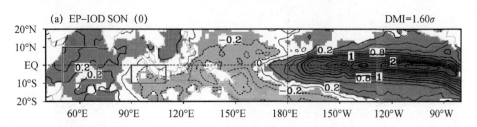

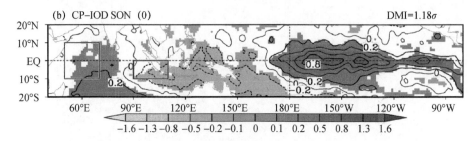

图 6.11　正确绘制色标示例

【示例4】正确示例。有条件的可以采用彩色图（图 6.12）。

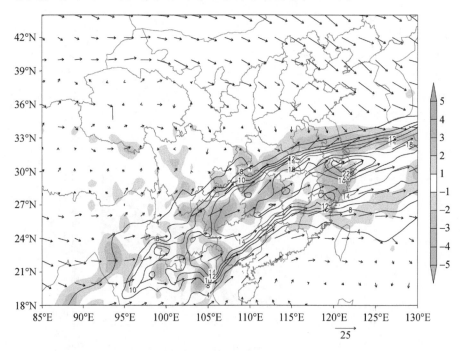

图 6.12　正确绘制彩色色标示例

（4）正确绘制多线条图（图 6.13）。

【示例 1】

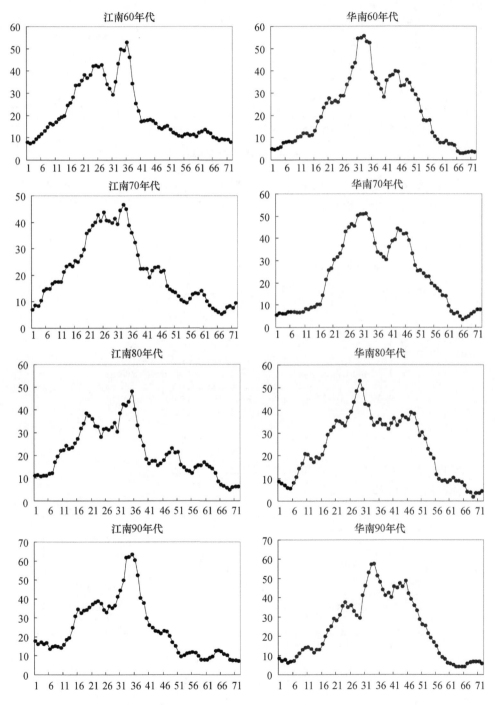

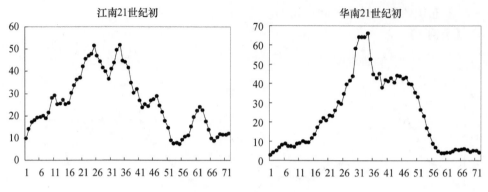

图 6.13　线条图示例

分析:每张图的横坐标范围一致,均是 1～71 候,纵坐标变化范围均为 0～70 mm,10 张图可以绘制成为一张图。

【示例 2】

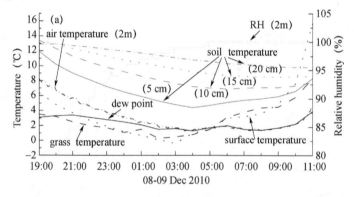

图 6.14　线条图混乱示例

分析:图很混乱,且英文未翻译成中文(图 6.14)。

修改后(图 6.15):

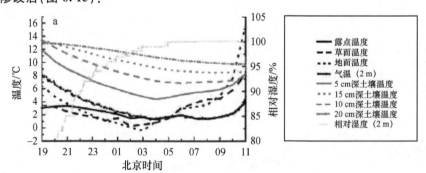

图 6.15　线条图混乱修正示例

【示例 3】正确示例（图 6.16）。

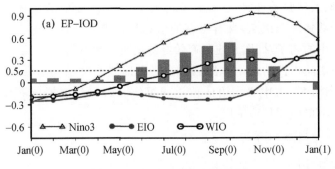

图 6.16　正确绘制线条图示例

【示例 4】正确示例（图 6.17）。

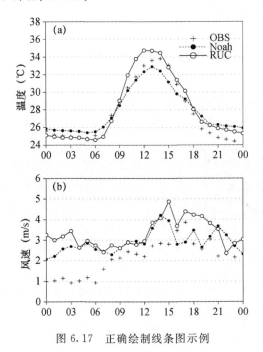

图 6.17　正确绘制线条图示例

6.6.3　表题与图题

图表的标题应能够独立于正文。它们应含有足够的信息让人明白图表的含义，而不需要频繁地参阅文章中的句子，即图表具有自明性（倪东鸿 等,2007）。

1. 表题与图题的写作要求

气象学术论著中有大量的插图、表格,每幅插图、每个表格应有简短、确切的名称(即图题、表题)。表题连同表号置于表格的上方,图题连同图号置于图的下方。图中符号、代码及试验条件等,应以最简练的文字加以说明,作为图注,置于图题下方。图题应能够独立于正文,含有足够的信息让读者明白插图的含义,而不需要频繁地参阅文章中的句子,即图题应具有较好的说明性和专指性。

要避免使用泛指性的词语作图名,如"函数曲线图""结构示意图"等,应该采用名词或者名词性词组为中心词语的偏正词组作图名,如"虚拟仪器软件构成框图"等。图名最好不要用"图"字结尾。

2. 表题与图题举例分析

(1)删除冗余信息

【示例1】

图1 赤道太平洋次表层异常散度 EOF 第一、二特征向量

a. 第一特征向量;b. 第二特征向量

修改后:

图1 赤道太平洋次表层异常散度 EOF 第一(a)、第二(b)特征向量

【示例2】

图2 长江中下游关键区(26°N-33°N,108°E-122°E)聚集度、聚集期趋势(1951~2000 年)a.(曲线为 5 个站的聚集度平均值);b.(曲线为 5 个站的聚集期平均值)

修改后:

图2 1951—2000 年长江中下游关键区域(26~33°N,108~122°E)年降水聚集度(a)和聚集期(b)的变化

(2)补充必要信息

【示例1】

图3 2002 年 9 月 11 日 22 时青海省河南县探空资料

修改后:

图3 2002 年 9 月 11 日 22 时青海省河南县探空资料

a. 温度(单位:℃);b. 相对湿度(单位:%);c. 风速(单位:m·s^{-1})

【示例2】

图4 Y=17 Km 处 XZ 剖面的总含水量图(左列)和雷达回波分布图(右列)

(a)、(b)为 25 min;(c)、(d)为 34 min

修改后:

图4 不同时刻 y=17 km 处 x-z 剖面的等温线(单位:℃)和含水量(单位:g/m^3)及流场和雷达回波分布(单位:dBZ)

a. 25 min 等温线和含水量;b. 25 min 流场和雷达回波;

c. 34 min 等温线和含水量;d. 34 min 流场和雷达回波

（3）合并信息

【示例 1】

图 5.a 模拟区域地形(m)　图 5.b 模拟区域坡度

修改后：

图 5　模拟区域的地形(a；单位：m)和坡度(b)

【示例 2】

图 6　24 h 地面降水雨量分布图(单位：mm)

a.9 月 3 日 08 时雨量图；b.9 月 4 日 08 时雨量图

修改后：

图 6　9 月 3 日(a)和 4 日(b)08 时的 24 h 地面雨量分布(单位：mm)

（4）具体举例分析

【示例 1】

图 1　2000 年-2013 年东亚地区夏季 JJA 平均的 AOD 的气候平均(a)，其夏季标准差(b)，以及扣除 JJA 平均的多年平均值后而每年含有 6、7、8 三个月资料的序列的标准差(c)，以及地面太阳辐射通量的气候平均(d)，其夏季标准差(e)，以及每年 6、7、8 三个月标准差(f)的空间分布，其中(d)、(e)、(f)中单位均为 Wm^{-2}，虚线方框表示与左图相对应的范围。

修改后：

图 1　2000—2013 年东亚地区夏季 AOD(a,b)和到达地面的太阳辐射通量(d，e；单位：$W \cdot m^{-2}$)的气候平均(a,d)和标准差(b,e)，以及针对 6、7、8 月各月分别在 AOD(c)和到达地面的太阳辐射通量(f)中扣除该月气候平均后而组成的包含 6、7、8 月逐月资料的时间序列的标准差的空间分布

【示例 2】

图 2　AOD 为左场、地面太阳辐射通量为右场的 SVD 第一模态。左异类相关(a)，右异类相关(b)及对应的标准化时间系数(c)(图 a、b 中阴影区域为数值大于 0.4 的区域，图 c 中红色虚线对应左场、蓝色实线对应右场)。

修改后：

图 2　AOD(a；左场)和地面太阳辐射通量(b；右场)的 SVD 分析第一对异类相关型及其对应的标准化时间系数(c)(图 a、b 中阴影区表示数值大于 0.4；图 c 中虚线对应左场、实线对应右场)

【示例 3】

图 3　SVD1 左场时间系数与 GPCP 降水(a)、CMAP 降水(b)、500 hPa ω(c)、总云量(d)、以及水汽通量整层积分(箭头)和水汽通量散度(等值线)(e)的相关分布。图中打点区域表示降水、垂直速度和总云量通过 95% 的显著性 t 检验，灰色阴影表示水汽通量散度通过 95% 的显著性 t 检验，粗箭头表示水汽通量通过 95% 的显著性 t 检验。

修改后：

图 3　SVD1 左场时间系数与 GPCP 降水（a）、CMAP 降水（b）、500 hPa 的 ω（c）、总云量（d）、以及水汽通量整层积分（箭矢）及其通量散度（等值线）（e）的相关分布（图 a—d 中的红色虚线包围区域，表示降水、垂直速度和总云量通过 0.05 信度的显著性检验；图 e 中的灰色阴影表示水汽通量散度通过 0.05 信度的显著性检验，粗箭矢表示水汽通量通过 0.05 信度的显著性检验）

【示例 4】

图 4　SVD1 左场时间系数与海平面气压场（a）、850hPa 风场（箭头）和涡度（等值线）（b）的相关系数分布。图中灰色阴影表示海平面气压/涡度通过 95％ 的显著性检验；箭头由纬向风和经向风与 SVD1 时间系数的相关系数构成，粗箭头表示风通过 95％ 的显著性检验。

修改后：

图 4　SVD1 左场时间系数与 850 hPa 异常风场（箭矢）和异常涡度（等值线）的相关系数分布（灰色阴影表示涡度通过 0.05 信度的显著性检验；粗箭矢表示风通过 0.05 信度的显著性检验）

【示例 5】

图 5　SVD1 左场时间系数回归的地面 2m 温度（单位 K）。打点区域表示通过 95％ 的显著性检验。

修改后：

图 5　SVD1 左场时间系数与地面上 2 m 处温度异常的相关系数分布（打点区域表示通过 0.05 信度的显著性检验）

【示例 6】

图 6　SVD1 左场时间系数与潜热加热通量（a）、感热加热通量（b）、地面净短波辐射通量（c）、和地面净长波辐射通量（d）的相关分布。图中各物理量单位均为 Wm^{-2}，通量方向向上为正，打点区域表示通过 95％ 的显著性检验。

修改后：

图 6　SVD1 左场时间系数与潜热加热通量（a）、感热加热通量（b）、地面净短波辐射通量（c）和地面净长波辐射通量（d）异常的相关系数分布（通量方向向上为正；红色虚线区域表示通过 0.05 信度的显著性检验）

【示例 7】

图 1　（上）NSIL 和（下）SIL 方案模拟的长波区间晴空地表向下辐射通量和 ISCCP FD 资料的差值（单位：W/m²）

修改后：

图 1　NSIL（a）和 SIL（b）方案模拟的长波区间晴空地表向下辐射通量的误差（以 ISCCP FD 资料为参考值；单位：W/m²）

6.6.4　规范恰当使用图表

就气象学术论著内容表达而言,图和表的科学规范恰当使用理应得到重视(王艳丽 等,2013;曹会聪 等,2015;陈爱萍 等,2015;陈雯兰,2015;王艳梅和孙芳,2018;王艳梅和张欣蔚,2018;骆瑾和王昕,2019;韦轶 等,2019)。为此,这里收集整理了图表编辑加工的 8 类情形,并论及图表的科学性、规范性和恰当性(张福颖和倪东鸿,2019)。

1. 图的修改

插图是气象学术论著的重要组成部分,插图的优劣直接影响论文学术质量的高低和可读性。图 6.18 的问题有:缺少纵、横坐标的标目;等值线过密,且等值线上数值字号偏小;阴影的数值间隔偏小。重新绘制后,图中纵横坐标标目清晰明了,等值线疏密适中、等值线上数值字号大小合适、阴影的数值间隔及色度适当。图 6.19 显得清晰美观,规范性、可读性增强。

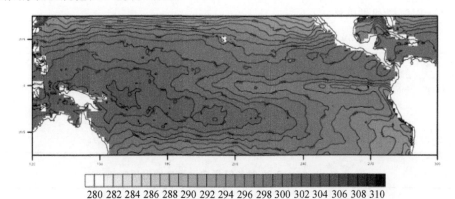

图 6.18　1981—2010 年平均海表温度分布(单位:K)

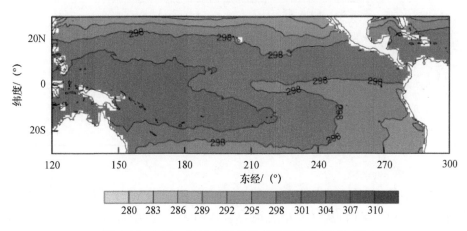

图 6.19　1981—2010 年平均海表温度分布(单位:K)

2. 表的加工

表格是气象学术论著的重要组成部分,表格规范与否直接影响论著的可读性、科学性。大多数表格看起来"字数不多",但涉及的问题却非常多(马奋华 等,2005)。表6.7的问题有:①没有采用三线表;②没有遵从表格竖读的特性,即项目栏中各个栏目应与竖向该栏内的信息相对应;③量和单位的组合形式表达不规范,量和单位应采用比值形式,如逆温强度/($℃ \cdot hm^{-1}$);④第三、第四行的‰应视作单位符号,按照量和单位的组合形式来表达。此外,①"出现频率"有8时、20时两种情况,需添加辅助线,设置为多层栏目;②不同逆温强度等级的区间存在问题,如1级对应(0,0.5)表示大于0小于0.5 $℃ \cdot hm^{-1}$,2级对应(0.5,1.0)表示大于0.5小于1.0 $℃ \cdot$ hm^{-1},那么0.5 $℃ \cdot hm^{-1}$属于1级还是2级就不清楚了。修改以上问题后,得到表6.8。总之,在编辑表格时,应首先读懂表格中的每个字、每个符号、每条线及每处空白(如"空白"代表未测或无此项)的含义,再作加工修改,只有这样才能保证表格的科学性、规范性和可读性。

表6.7　8时和20时各等级逆温强度的出现频率

等级	1级	2级	3级	4级	5级	6级
逆温强度℃/hm	(0,0.5)	(0.5,1.0)	(1.0,1.5)	(1.5,2.0)	(2.0,2.5)	(2.5,∞)
8时	31.8‰	30.8‰	19.1‰	10.5‰	4.3‰	3.5‰
20时	37.9‰	27.6‰	16.3‰	8.3‰	4.5‰	5.4‰

表6.8　8时和20时各等级逆温强度的出现频率

逆温等级	逆温强度/($℃ \cdot hm^{-1}$)	逆温强度出现频率/%	
		8时	20时
1级	[0,0.5]	31.8	37.9
2级	(0.5,1.0]	30.8	27.6
3级	(1.0,1.5]	19.1	16.3
4级	(1.5,2.0]	10.5	8.3
5级	(2.0,2.5]	4.3	4.5
6级	(2.5,∞)	3.5	5.4

3. 图改成表

就图与表的转换而言,一般来说,展示数据对比、比较时,图和表可转换表达(陈先军,2018)。然而,从气象论著内容表达的科学性、准确性考虑,又必须顾及图表表达形式之优劣。图6.20给出了3种分享意愿的5种满意度比较,而实际上

5 种满意度不存在连续性关系,仅是数据比较,使用折线图会产生歧义,读者既费解又容易误解插图要表达的科学含义。因此,须将插图改成三线表。表 6.9 简洁、清晰、准确地反映了 3 种分享意愿的 5 种满意度间的精确数据对比,逻辑性和可比较性明显增强。

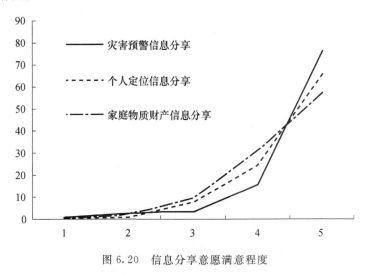

图 6.20　信息分享意愿满意程度

表 6.9　信息分享意愿满意程度

信息分享种类	分享意愿满意度/%				
	非常不愿意	不愿意	不确定	愿意	非常愿意
灾害预警	0.65	2.78	4.04	16.11	76.42
个人定位	0.49	1.55	7.88	24.37	65.71
家庭物质财产	0.49	1.88	9.65	30.97	57.01

4. 表改成图

此例重点是研究 1961—2000 年江南南部夏季雨季开始日和首场暴雨日的总体变化趋势,而不是开始日和首场暴雨日的精确日期。表 6.10 反映了每年雨季开始日和首场暴雨日的具体日期及对比关系,但是不能直观反映它们的总体变化趋势及相互联系。因此,从提高阅读效率(直观性)和此处统计信息有可视化表现(易理解)的要求出发,表 6.10 宜改成图 6.21。图 6.21 直观地反映了两变量的变化趋势及相互联系,读者能直观看出变量经历了一个非常显著的"V 型"变化过程,由此揭示 20 世纪 80 年代江南南部夏季气候存在重要转折。

表 6.10　1961—2000 年江南南部夏季雨季的开始日和首场暴雨日

开始日	首场暴雨日	开始日	首场暴雨日
1961-05-30	1961-05-31	1987-06-19	1987-06-20
1962-06-10	1962-06-19	1988-06-11	1988-06-12
1963-06-24	1963-06-27	1989-06-04	1989-06-11
1964-06-09	1964-06-17	1990-05-22	1990-05-30
1965-06-10	1965-06-25	1991-06-16	1991-06-16
1966-06-12	1966-06-16	1992-06-13	1992-06-13
1967-06-15	1967-06-15	1993-06-12	1993-06-13
1968-06-21	1968-06-27	1994-06-09	1994-06-09
1969-06-23	1969-06-24	1995-05-25	1995-05-25
1970-06-18	1970-06-23	1996-06-20	1996-06-20
1971-06-19	1971-06-20	1997-06-20	1997-06-22
1972-05-29	1972-06-03	1998-06-08	1998-06-13
1973-06-17	1973-06-17	1999-06-08	1999-06-12
1974-06-13	1974-07-21	2000-05-25	2000-05-31
1975-06-26	1975-06-26	2001-05-27	2001-06-03
1976-06-01	1976-06-01	2002-06-25	2002-06-25
1977-06-08	1977-06-09	2003-06-24	2003-06-24
1978-06-09	1978-06-11	2004-06-15	2004-06-16
1979-06-19	1979-06-21	2005-06-11	2005-06-11
1981-05-20	1981-05-27	2006-05-31	2006-06-04
1982-06-12	1982-06-15	2007-06-10	2007-06-30
1983-06-09	1983-06-10	2008-06-08	2008-06-13
1984-06-07	1984-06-10	2009-06-22	2009-07-01
1986-06-12	1986-06-12	2010-06-13	2010-06-17

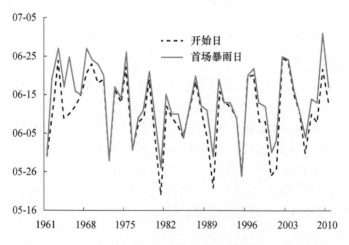

图 6.21　1961—2010 年江南南部夏季雨季的开始日和首场暴雨日

5. 图表重复选择图

　　在编辑加工气象论著时,有时会遇到图表重复的情况,这时应根据论著需要来决定是保留图还是保留表。如果在证明论著观点、形成论著结论、描述论著内容细节等方面,图的表现能力更强、可读性更好,则应选择保留图;反之,则应选择保留表。表 6.11、图 6.22 均是 2001—2015 年新疆地区积雪时间的逐年变化,内容重复。表 6.11 列出了新疆地区积雪时间的具体数值,但不能直观判断积雪时间的变化趋势,且各地区之间的变化趋势缺乏比较性。图 6.22 直观显示:除湿润的伊犁河谷外,新疆其他区域积雪时间都在减少。因此,图 6.22 在表现积雪时间的变化趋势时更加形象直观,且各地区之间的变化趋势可直观比较,故选择图更好。

表 6.11　2001—2015 年新疆地区积雪时间变化　　　　　　　d

年份	伊犁河谷	北疆	新疆	南疆	东疆
2001	169	110	70	59	23
2002	163	112	79	69	31
2003	171	116	79	63	42
⋮	⋮	⋮	⋮	⋮	⋮
2015	168	110	74	61	27

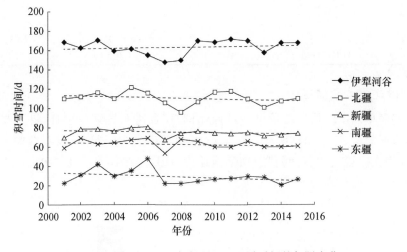

图 6.22　2001—2015 年新疆地区积雪时间的年际变化

6. 图表重复选择表

　　此例原文为:定义 Niño3.4 指数大于等于 0.5 ℃并持续 5 个月或以上记为一次 El Niño 事件,从图 6.23 可以发现,1950—2016 年共发生 20 次 El Niño 事件,如表 6.12 所示。图 6.23、表 6.12 均是 1950—2016 年发生 20 次 El Niño 事件的证据,内容重复。比较可知,表 6.12 内容更加翔实、信息更加精准,读者一目了然,故选择表更好。

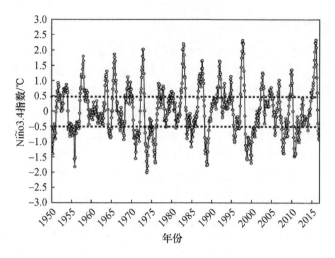

图 6.23　1950—2016 年 Niño3.4 指数的时间序列(单位:℃;虚线表示±0.5 ℃)

表 6.12　**1950—2016 年 El Niño 事件**

序号	起止时间(年-月)	持续时间/月	爆发时间(年-月)	最大振幅/℃
1	1951-07—1951-12	6	1951-06	0.93
2	1953-01—1954-02	14	1952-12	0.87
3	1957-04—1958-06	15	1957-03	1.80
⋮	⋮	⋮	⋮	⋮
20	2015-04—2016-05	14	2015-03	2.33

7. 图改为文字描述

　　某些简单插图的信息含量单一,用插图形式表达尤显繁琐累赘,将其改为文字描述则版面紧凑、表达简洁明快。图 6.24 给出的信息含量很少,没有必要采用插图形式,改用文字描述更优、更简。文字描述为:2010—2015 年 9 月、10 月、11 月强逆温平均出现频次分别为 4、14、21 次。

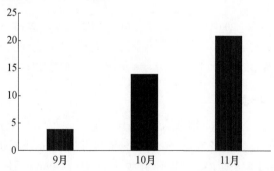

图 6.24　2010—2015 年 9—11 月强逆温平均出现频次分布

8. 表改为文字描述

某些表格内容简单、信息量少,改为文字描述反而更加简洁明了。表 6.13 内容简单,改用文字表达,则行文更流畅、可读性更强。文字描述为:观测地表温度及 3 种再分析地表温度(ERA、NCEP-1、NCEP-2)的最高值分别为 13、7、4、6 ℃,最低值分别为－1、－6、－10、－11 ℃,再分析地表温度明显偏低。

表 6.13　平均地表温度的最高值和最低值　　　　　　　　　　　　℃

温度	观测资料	ERA	NCEP-1	NCEP-2
最高值	13	7	4	6
最低值	－1	－6	－10	－11

6.6.5　涉中国地图插图编绘

1. 涉中国地图出版的相关规定

地图是一种特殊的出版物,是国家版图的主要表现形式,体现着一个国家在主权方面的意志和在国际社会中的政治外交立场,具有严肃的政治性、严密的科学性和严格的法定性。

GB/T 19996—2017《公开纸质地图质量评定》指出,公开出版的纸质地图不得表示下列内容:①危害国家统一、主权和领土完整的;②危害国家安全、损害国家荣誉和利益的;③属于国家秘密的;④影响民族团结、侵害民族风俗习惯的;⑤法律、法规规定不得表示的其他内容。

《地图管理条例》第九条指出,编制地图,应当选用最新的地图资料并及时补充或者更新,正确反映各要素的地理位置、形态、名称及相互关系,且内容符合地图使用目的。编制涉及中华人民共和国国界的世界地图、全国地图,应当完整表示中华人民共和国疆域。

地图要进行报审。地图是国家版图最常用、最主要的表达形式,在地图上可以形象直观地表示出国家的疆域范围及边界、各级行政区域、行政中心、主要城市等。由于表示了国家版图的地图象征着国家主权和领土完整,体现了国家的主权意志和政治外交立场,世界各国都十分重视本国版图在地图上的正确表示。为了加强地图管理,维护国家主权、安全和利益,《地图管理条例》中规定:国家实行地图审核制度,向社会公开的地图,应当报送有审核权的测绘地理信息行政主管部门审核。

2. 编绘涉中国地图插图注意事项

(1)中国地图图形表示不完整。论著中涉及中国地图作底图的插图,在有中国国界的地图上的国界必须与标准中国地图一致。还要注意专题元素不能压国界线。

(2)台湾省标示不正确。尤其是在专题地图上,应表示台湾省专题内容。资料缺少时,注明"台湾省资料暂缺"字样。

(3)钓鱼岛及其附属岛屿表示不正确。其中,中国示意图和比例尺大于1:1亿的中国地图必须包括钓鱼岛、赤尾屿等岛屿。小比例尺地图一般以点状表示岛屿的正确位置。

(4)南海诸岛表示不正确。特别注意的是,南海诸岛作附图时,附图中与主图相同区域的专题要素要表示,并表示一致。

(5)引进版图书中的"地雷"。如,引进境外版的地图插图中,中印边界东段错沿"麦克马洪线"绘线,中印边界西段阿克赛钦地区国界错绘。

(6)地图表示了涉密内容。地图上不能表示军事单位、戒毒所、精神病院等。

(7)甘肃与青海省界问题。有些制图软件的底图关于甘肃与青海省界还是用的旧版的省界线,在制图时要特别注意。

3. 气象学术论著中涉中国地图常见问题及举例分析

气象学学术论著中,以中国地图为底图的插图主要问题有(倪东鸿 等,2006;张福颖 等,2013):

(1)缺少南海诸岛;

(2)中印边界的东段、西段的争议地区与中国地图不一致;

(3)黄河、长江不完整,只有中下游部分,缺少上游部分;

(4)国界界线错误或缺失或不完整;

(5)随意使用变形地图;

(6)缺少台湾、海南省等;

(7)缺参照性地名。

主要原因为:

(1)与绘图软件有关。通常情况下,作者使用 GrADS 绘图软件绘制有中国地图的插图,如果绘图时不作一些必要的插补工作,就会存在"缺少南海诸岛"的问题;中印边界的东段、西段的争议地区的国界也因绘图软件的原因存在错误之处;由于绘图软件的版本不同,地图精度较低的插图往往漏掉了我国的钓鱼岛、赤尾屿。

(2)与作者不够重视有关。作者绘制插图时,注意力往往集中在插图要素场的绘制上,从而忽视了"缺少南海诸岛""中国国界有误"等问题。

(3)与插图制作有关。有的制图员对地图的认识不够,误将钓鱼岛、赤尾屿等小岛屿视作插图的小污点,所以在插图加工时做出了错误的删除处理。

如何正确制作:

(1)插图中的中国国界必须与中国地图出版社出版的最新地图一致,切勿漏绘台湾和南海诸岛。GrADS 绘图软件已完成"南海诸岛""黄河长江"的插补工作,并得到广泛应用,但是仍然有一些插图缺少"南海诸岛"。为此,可以利用 Photoshop 软件预先做好"南海诸岛"的 tif 图文件,一旦发现插图中缺少了"南海诸岛",就立即补上。此外,不漏绘台湾、海南省,以及钓鱼岛、赤尾屿等重要岛屿,不随意使用变形地图。

(2)由于绘图软件的原因,中印边界的东段、西段的争议地区与中国地图不一致。这应引起我们的重视,在绘图时予以修正,做到与标准中国地图一致;同时要求作者采用较高版本的绘图软件正确绘制带有中国地图的插图。

(3)中国地图的黄河和长江应该全部绘出,不能只绘出其中的一部分。

(4)对于国界界线错误或缺失或不完整的插图,应严格把关、重新绘制,做到与标准中国地图一致。

(5)对于需要标明比例尺的插图,建议采用图示法比例尺;对于标注参照性地名有利于作者分析和读者阅读的插图,则应要求加上参照性地名。

【示例】

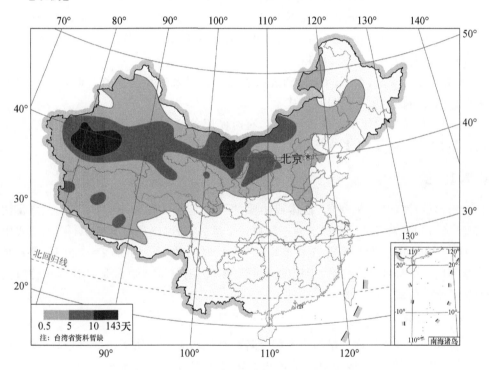

图 6.25　正确绘制中国地图示例

分析:该地图符合前述正确制作中国地图的要求,改正前述提到的中国地图为底图的插图的主要问题,主要包括,国界(未定国界)标注清晰;南海诸岛、台湾省相关信息标注清晰标准;甘肃、青海省界正确无误,等等。地图送审通过自然资源部地图技术审查中心审查。

6.7　量和单位

气象学术论著中经常使用的物理量和单位涉及的种类较复杂。国家标准 GB 3100～3102—93《量和单位》(中国国家标准化管理委员会,1994)是国家强制性标准,所以在论著中必须严格执行。根据气象学术论著的特点,对计量单位有以下几点要求。

(1)我国的市制单位除"亩"(加标注)以外,一律停止使用。计量单位按国务院发布的《中华人民共和国法定计量单位》及 GB 3101—93《有关量、单位和符号的一般原则》执行。

(2)有些传统表达方法应注意改正。3°～5°不得写作 3～5°;10～15 ℃ 不得写作 10°～15 ℃ ;2 cm×3 cm×4 cm 不得写作 2×3×4 cm 或 2×3×4 cm³;10％～20％不得写作 10～20％;10～15 cm 除标准外不必写作 10 cm～15 cm,100～200 kg 除标准外也不必写作 100 kg～200 kg。

(3)按国标规定,在图的坐标和表头表示物理量及其量值的符号时,采用"物理量名称(量的符号/单位符号)"形式。

(4)单位符号的使用还应行文得体,有时使用单位符号十分别扭时,应该变通使用。如 20 多 t 应为 20 多吨、10 几年应为 10 余年等。

6.7.1　量

物理量,简称量,是现象、物体或物质的可以定性区别和定量确定的一种属性(唐汉民,1999;朱兴红,2008)。对于任何一个量 A,都可以写出 $A=\{A\}\cdot[A]$,式中 $[A]$ 代表量的单位,$\{A\}$ 代表 A 在使用单位 $[A]$ 时的数值。例如:$T=280$ K,T 是热力学温度的量符号,K 是热力学温度单位开[尔文]的符号,280 就是以 K 作单位时热力学温度的数值。

1. 量名称

量都有各自的名称。量的绝大部分名称是从历史上沿用下来的,但都已被标准化,其定义或含义只能按国家标准给出的定义去理解。国家标准 GB3100～3102—93 中共列出了六百多个量,并遵循我国广泛使用的习惯,为它规定了名称,这些名称即为"标准量名称",也是我国的法定量名称。

量的使用中常见的错误如下。

(1)使用已经废弃的旧名称。例如:不用质量而用重量,不用密度或相对密度而用比重,不用热力学温度而用绝对温度、开氏温度,不用物质的量而用克分子量、克原子量、摩尔数等。

（2）同一名称出现多种写法。这种现象主要出现在与科学家姓名有关的名称中。例如：将傅里叶数写成付里叶数、付立叶数、傅立叶数。

（3）使用"单位名称＋数"构成的名称，如表 6.14 所示。

表 6.14　示例

正确	错误
长度	米数
质量（载重质量）	吨数
时间	秒数
物质的量	摩尔数

2. 量符号及其使用规则

在标准中，每个量都给出了一个或 2 个以上符号，这些符号就是标准化符号。量符号的一般规则：

（1）量符号一般为单个拉丁字母或希腊字母（倪东鸿，2002），但有 25 个用来描述特征数符号的例外，它们由 2 个字母构成。

（2）量符号必须采用斜体字母；对于张量和矢量，还应使用黑斜体；pH 除外，应采用正体。几何图形中表示点、线、面、体的字母以及坐标系符号使用斜体，如点 A，线段 AB，笛卡儿坐标 $Oxyz$。

（3）应采用国家标准中规定的量符号。

（4）量符号上可以根据需要附加其他符号，这是为了对量符号加以某些限制或说明。所加的附加符号有下角标字母、上角标星号"＊"、撇号"′"等，用以表示某些特定的状态、位置、条件或测量方法等。

（5）不能把量符号作为纯数使用。如"物质的量为 n mol"，正确的表示为："物质的量为 n，单位为 mol"。

（6）不能把化学元素符号作为量符号使用。如"$H_2 : O_2 = 2 : 1$"，如果是质量比，应为"$m(H_2) : m(O_2) = 2 : 1$"。

（7）量符号的下标也要区分正斜体。正确区分量符号下标正斜体与大小写的规则：

①量符号和代表性数字的字母作下标时，一律用斜体表示，其他均用正体表示。如：电能 $W_i (i=1,2,3)$，i 代表变动性数字；Y 分量 F_y，y 为坐标轴符号；最大温度 t_{max}；最小压强 p_{min}。摩尔定压热容 $C_{p,m}$，p 是压力量符号，m 为 molar（摩尔的）的缩写。

②阿拉伯数字作下标均采用正体。

③量符号和单位符号作下标，其字母大小写同原符号。

④来源于人名的缩写作下标采用大写字符,其他一般都用小写字符。

⑤尽可能不用或少用复合下标(这里是指下标的下标)。

(8)气象领域中常见的通用量符号有:R 为降水量,T 为热力学温度,t 为摄氏温度,p 为气压,H 为位势高度,l 为大气厚度,Q 为热量,E 为能量,m 为质量,f 为频率,θ 为位温,$V(u,v,w)$ 为速度,ρ 为曲率半径、密度,φ 为纬度,λ 为经度,Φ 为重力位势,ζ_x 为涡度的 x 分量,ζ_z 为涡度的垂直分量。

(9)气象学术论著中有些单位不是国家规定的,应按约定成俗的写法撰写,如位势米 gpm,位势什米 dagpm,°E,°N,候(5 d),旬(10 d),dBZ(雷达回波强度单位),°lat(纬距)。

(10)有些是有规定的,如 hPa,就不能写成 hpa、Hpa、毫巴 mb(已被废弃)等。小时应为 h,有时错为 hr,H 等。

(11)大气科学中,散度、涡度的单位为 s^{-1},水汽通量的单位为 $g \cdot s^{-1} \cdot cm^{-2}$($z$ 坐标系)或 $g \cdot s^{-1} \cdot cm^{-1} \cdot hPa^{-1}$($p$ 坐标系),水汽通量散度的单位为 $g \cdot s^{-1} \cdot cm^{-2} \cdot hPa^{-1}$。

(12)正确撰写气象学术论著中经纬度范围的格式(张福颖和倪东鸿,2018),如(120°~150°E,30°~60°N)。①连接号的正确使用。连接号的形式只有短横线"-"、一字线"—"和浪纹线"~"3 种。"-"在许多情况下相当于中文"和""与"的意思,连接号两边的连接对象多是并列关系。经纬度范围的数值不存在并列关系,不应使用"-"。标示时间、地域等的起止用"—"。经纬度范围是数值范围,理应用"~"。②°的正确使用。经纬度的单位是°,其后大写字母 E、W、S、N 分别表示东经、西经、南纬、北纬,如(120°E~150°E,30°N~60°N)表示东经 120°~150°、北纬 30°~60°范围。°、′、″是特殊单位符号,当表示范围时前一个量值的单位不应省略。因此,在经纬度范围的撰写中,°不能省略,且 E、W、S、N 是表示经纬度的符号,为简明起见,前一符号可省略。

3. 量符号的组合与运算

量符号 x 和 y 相乘,其形式有:$xy,x \cdot y,x\,y,x \times y$。

对于 2 个字母构成的量符号,为避免误解为 2 个量的相乘,当它们出现在公式中时,相乘的量之间一定要加中圆点"·"或空出 1/4 个字的位置。

对于矢量相乘,不加乘号与加"·""×"的意义是不相同的,不能互相变换。

量符号相除的组合形式:$x/y,\dfrac{x}{y},x \cdot y^{-1},xy^{-1}$。

采用"/"作相除号,同一行中的"/"不能多于 1 条(加括号的例外),且"/"之后不得有乘号和除号。

6.7.2 单位

在国家标准中为每个量专门给出了单位,这些单位均为我国的法定计量单位。

1. 单位名称

(1)单位名称有全称和简称两种。

(2)组合单位的名称与其符号表示的顺序一致,乘号无名称,除号的名称为"每",且"每"只能出现一次,例如:米每秒。

(3)乘方形式的单位名称,其顺序是指数名称在前,单位名称在后,指数名称由相应的数字加"次方"构成。例如:平方米。

单位名称用于口述,也可用于叙述性文字中。在不混淆的情况下,可以使用简称。

2. 单位的符号

单位的中文符号如下。

(1)单个单位名称的简称,就是该单位的中文符号。例如"牛顿"的中文符号为"牛","开尔文"的中文符号为"开"。

(2)组合单位的中文符号,由每个单位的简称组成合成。例如:hPa/K 的中文符号为"百帕/开",kg/m^3 的中文符号为"千克/米^3"。

(3)相乘组合单位的中文符号只有加中圆点"·"一种形式。如力矩单位的中文符号为牛·米,而不是牛米。

(4)相除组合单位的中文符号有加斜线"/"、中圆点"·"和"-"三种形式。如 J/K 的中文符号为"焦/开"或"焦·开$^{-1}$"。

单位的国际符号(国际符号是国际上通用的用拉丁字母或希腊字母表示的单位符号,也称标准化符合)如下。

①单位符号无例外地采用正体字母。

②一般单位符号为小写体,只有来源于人名的单位,其符号的首字母大写。

③组合单位形式。m/s 或者 $m·s^{-1}$;$W/(m^2·K)$ 不能写成 $W/m^2/K$ 或 $W/m^2·K$;度、分、秒的符号在组合单位中时,采用(°)、(′)、(″)的形式,如(°)/min;单位符号不能跟中文符号构成组合形式的单位,如 m/秒应为 m/s 或者 米/秒。

④不应把一些不是单位符号的"符号"作为单位符号使用(表 6.15)。如:不能把单位英文名称的非标准缩写甚至全称作为单位符号。

表 6.15　示例

单位名称	非标准符号	标准符号
分钟	m	min
秒	sec	s
天	day	d
小时	hr	h
年	vvr	a
转每分	rpm	r/min

(5)不能对单位符号进行修饰。

①加下标。如标准状况下测得的体积 $V=50$ L$_n$ 应为 $V_n=50$ L。

②在组合单位中加入数字。如 g/100 mL,改为 10^{-2} g/mL。

③在组合单位符号中插入化学元素符号等说明性记号。如 0.15 mg(Pb)/L,改为 ρ(Pb)$=0.15$ mg/L。

(6)大气中的一些单位第一次在文中出现要给予解释。如:涡度单位 PVU, 1 PVU $=10^{-6}$ m^2 · K · s^{-1} · kg^{-1};热盐环流强度单位 Sv,1 Sv $=10^6$ m^3 · s^{-1}。

(7)必须指出:当单位为热力学温度 K 时,应采用 T 或 Θ 作为量的主符号,而当单位为摄氏温度℃时,应采用 t 或 θ 作为量的主符号。

6.7.3 量和单位举例分析

1. 一个"量"简单地衍生成多个"量"

(1)温度 T;单位:K。

(2)温度距平:$T'=T-\overline{T}$;单位:K。

(3)温度方差:$\sigma^2=\dfrac{1}{n}\sum\limits_{n-1}^{n}(T_i-\overline{T})^2$;单位:K^2。

(4)温度均方差(标准差):$\sigma=\sqrt{\dfrac{1}{n}\sum\limits_{n-1}^{n}(T_i-\overline{T})^2}$;单位:K。

(5)温度距平标准化值:$T_{\text{nom}}=\dfrac{T-\overline{T}}{\sigma}$;无单位。

(6)降水距平百分率:$\dfrac{R-\overline{R}}{\overline{R}}$;无单位。

2. "量"经过 EOF 分解产生新的"量"

"量"经过 EOF 分解后值得注意的情况是,量是否经过标准化处理？数据标准化处理主要包括数据同趋化处理和无量纲化处理两个方面。数据同趋化处理主要解决不同性质数据问题,对不同性质指标直接加总不能正确反映不同作用力的综合结果,须先考虑改变逆指标数据性质,使所有指标对测评方案的作用力同趋化,再加总才能得出正确结果。数据无量纲化处理主要解决数据的可比性。去除数据的单位限制,将其转化为无量纲的纯数值,便于不同单位或量级的指标能够进行比较和加权。

3. 复杂的诊断量和单位

(1)水汽通量:在单位时间内通过某一单位面积的水汽质量。单位:g · s^{-1} · cm^{-2}(z 坐标系中)或 g · s^{-1} · hPa^{-1} · cm^{-1}(p 坐标系中)。

(2)水汽通量散度:在单位时间里,单位体积内汇合进来或辐散出去的水汽质量。单位:g・s^{-1}・hPa^{-1}・cm^{-2}。一般暴雨区为 10^{-6} 量级。

(3)涡度:$\zeta = \dfrac{\partial v}{\partial x} - \dfrac{\partial u}{\partial y}$,单位:$s^{-1}$;

散度:$D = \dfrac{\partial u}{\partial x} - \dfrac{\partial v}{\partial y}$,单位:$s^{-1}$。在大尺度大气中,一般量级为 10^{-5}。

(4)位涡:

位温 θ(单位:K)是描述大气热量状态的物理量;涡度是描述大气运动状态的物理量(单位:s^{-1});位涡是一个综合描述大气的运动状态和热力状态的物理量,表达式为 $\dfrac{c_p}{p}\left(\zeta \dfrac{\partial \ln\theta}{\partial z}\right)$。

式中:c_p 是比定压热容($J \cdot kg^{-1} \cdot K^{-1}$;$m^2 \cdot s^{-2} \cdot K^{-1}$);$\theta$ 是位温(K);ρ 是空气密度($kg \cdot m^{-3}$);$\left(\zeta \dfrac{\partial \ln\theta}{\partial z}\right)$ 单位:$m^{-1} \cdot s^{-1}$。$1\ J = 1\ N \cdot m = 1\ kg \cdot m^2 \cdot s^{-2}$;$1\ N = 1\ kg \cdot m \cdot s^{-2}$。故位涡的单位是:$m^4 \cdot s^{-3} \cdot K^{-1} \cdot kg^{-1}$。请注意,这里位涡的推导是基于 p 坐标系。

(5)温度平流($-V \cdot \nabla T$)的单位:$\mathbb{C} \cdot s^{-1}$ 或 $K \cdot s^{-1}$。

(6)E-P 通量:

在 y-p 平面上,有 E-P 通量向量

$$\boldsymbol{E} = (E(y), E(p)) = \left\{ -[u^* v^*], \dfrac{f}{[\theta]_p}[u^* \theta^*] \right\}。$$

在球坐标系中,相应有

$$\boldsymbol{E} = (E(\varphi), E(p)) = \left\{ -a\cos\varphi[u^* v^*], \dfrac{fa\cos\varphi}{[\theta]_p}[u^* \theta^*] \right\}。$$

式中:$E(y)$ 和 $E(\varphi)$,$E(p)$ 分别是 E-P 通量向量的经向和垂直分量;a 为地球半径。$[\theta]_p = \partial[\theta]/\partial p$。$E(y)$ 和 $E(\varphi)$ 代表涡度动量的经向通量,$E(p)$ 代表涡度热量的经向通量。由此分析,$E(\varphi)$ 的单位是 $m^3 \cdot s^{-2}$;$E(p)$ 的单位是 $m^3 \cdot hPa \cdot s^{-2}$。

E-P 通量散度为

$$\nabla \cdot \boldsymbol{E} = \dfrac{1}{a\cos\varphi}\dfrac{\partial}{\partial \varphi}\left[E(\varphi)\cos\varphi + \dfrac{\partial}{\partial p}[E(p)]\right]。$$

所以 E-P 通量矢量的散度单位是 $m^3 \cdot s^{-2}$。

6.7.4　量和单位常见问题分析

(1)使用已经废弃的量的名称。例如(括号内为正确的):摩擦系数(摩擦因数)、比热(比热容)、定压比热(比定压热容)、绝对温度(热力学温度)、比重(密度或相对密度)。

(2)用"单位＋数"构成量名称。例如(括号内为正确的):试验天数/d(试验时间/d)、降雨时数/h(降雨时间/h)、积分年数/a(积分时间/a)。

(3)未使用国家标准规定的量符号。如质量符号不用 m,而用 W、P、Q 等。

（4）多个字母构成一个量符号，如用 CHT 作"临界高温"的符号。

（5）使用已废弃的非法定单位或单位符号。前者如斤等，后者如°K 等。

（6）同一文稿中的单位时而用中文符号，时而用国际符号，在组合单位中两种符号并用，如"m/秒"，应该统一。

（7）把一些不是单位符号的符号，甚至把单位的全称，作为标准化符号使用。如 hr(小时)，day(天)等。

（8）量符号及其下标符号的正斜体、大小写不符合国家标准的规定。

6.8　参考文献

参考文献是气象学术论著的重要组成部分，是指撰写(或编辑)论著而引用的有关文献资料。参考文献是反映论著的科学依据和著者尊重他人研究成果而向读者提供文中引用有关资料的出处，或为了节约篇幅和叙述方便，提供在论著中提及而没有展开的有关内容的详尽文本。在实际的论著写作过程当中，参考文献的重要影响经常被作者忽略(王华菊 等，2014；钮凯福，2018)。在编辑们的眼中，参考文献不仅仅是作者严谨的学术精神的体现，而且是评价论著学术水平的一个重要依据。参考文献中隐含了大量的信息，在善于寻根溯源的编辑们的手中，它们常常是鉴别稿件质量的一个重要利器。

6.8.1　参考文献的作用

（1）体现科学的继承性，尊重知识产权。

（2）精炼文字，缩短篇幅。

（3）便于编辑和审稿人评价论著水平。

（4）与读者达到信息资源共享。

（5）通过引文分析对期刊水平做出客观评价。

（6）促进科学情报和文献计量学研究，推动学科发展。

6.8.2　正确引用参考文献的要点

（1）把握关联性。这是由引文跟被引文献、引证文献之间形成的内在逻辑关系决定的：一是被引文献析出的引文内容的具体语意与引证文献使用引文的具体语境之间；另一是引文本身跟被引文献语意和引证文献语境之间。

（2）把握准确性。关注引文的内容及表述，考察引文内容与被引文献内容之间的吻合程度，判明是属于原引、意引，还是属于悖引、伪引、错引等。

（3）把握适当性。《著作权法》第 22 条规定，作者在作品中可以有条件地合理地引用他人已经发表的作品；但是，必须注意引文的"量"和"质"2 个方面的适当性，否则会构成抄袭侵权和剽窃侵权。

（4）把握规范性。即关注引文的表述形式。在引证文献中，引文及参考文献著录应符合国家标准要求。

（5）把握引证效果。引文最基本的作用是论证说明，引文对引证文献的效用级别和贡献程度，体现在引证文献对被引文献的吸收利用上，在于引文内容所表达的语意与引证文献语境的有机整合程度。

关于引用参考文献的正确方法，主要从引文的内容、形式、数量、质量上进行全方位的综合考量。

在内容方面。依据关联性要求来判定引文内容的科学性；依据准确性要求来判断引文内容的正确性。认真细致地甄别失真的引文内容，剔除参考文献中的伪引、错引、悖引等。

在形式方面。依据规范性要求，仔细识别引文标注信息是否齐备、完整。检查采用的是哪种著录制度，是顺序编码制还是著者-出版年制，全文必须统一；查证标注位置及标识符号是否正确；考察文后参考文献中著录内容是否准确，著录项目是否完整，著录顺序是否正确，著录符号是否规范。对那些缺乏学术常识而导致的各种各样的错误引文，必须严格规整。

在数量方面。依据适当性要求重点考察过宽引用、过窄引用、漏引和过度引用等问题。过宽引用是凡与论著内容有联系的文献全部开列出来，对此应根据关联、准确和引证效果，删除一切可有可无的引文及参考文献；过窄引用只是注重原引而忽略意引，正确做法应该把重要、确切的引文和参考文献均开列出来，无论是原引或直接引语还是意引或间接引语；漏引是对重要的引文和参考文献引而不注，是一种学术道德缺失行为，必须予以杜绝；过度引用是引文内容突破了一定的比率和超越了规定的界限，具有抄袭、剽窃之嫌，坚决予以清理。

在质量方面。依据关联、准确、适当、规范要求，在对内容、形式、数量分析的基础上，全面考察每条引文对引证文献的论证说明效果，注重引文及参考文献在论著中对作者观点、方法、立论、论据的支持力度，引文语意与引证文献语境的关切深度，引证文献对被引参考文献的吸收利用程度，从而清除一切对论文的学术水平、科学价值、创新性没有贡献或贡献不大的引文及参考文献。

除上述几个方面之外，还要注意以下几点：①引用文献要新。引用文献是否新颖，在某种程度上体现了论著的先进性。因此，撰写气象学术论著应尽可能引用最新的文献。当然，在本领域有开创性贡献的旧文献也可适当引用，但绝对不宜过多。②引用高质量文献。引用参考文献质量的高低在一定程度上反映了该论著学术水平的高低，从总体上体现了该论著的科学性、实用性和先进性。这就要求作者平时注意阅读、积累权威大气科学期刊文献和权威专家的文献。③引用文献要全。引用参考文献一定要全面,尽可能全面地引用国内外相关研究成果。在引用参考文献时要兼顾中文文献与外文参考文献。④可以适当提高自引文献量。自引文献分两种,其一为作者自引,其二为期刊自引。

引用参考文献存在的主要问题有:没有引用重要文献;文献过于陈旧;引用没有亲自阅读过的文献,包括二次引用;只引自己的;引用无关的文献,有的是友情引用;引用非公开出版的文献;数量少、覆盖面不够;在正文中标引时不按先后顺序或者著录了而不在文中标引;著录信息错误,不规范。

6.8.3　参考文献著录规则

GB/T 7714—2015《信息与文献 参考文献著录规则》已于 2015 年 5 月 15 日发布,并于 2015 年 12 月 1 日实施,代替了 GB/T 7714—2005《文后参考文献著录规则》。作者和编辑都应熟悉该标准,并严格执行。按标准著录的好处是:写、读都方便;所占篇幅少,并能提高录排工作效率;便于计算机存储、检索和输出。目前我国参考文献的著录方法有两种:顺序编码制和著者-出版年制。

1. 参考文献著录使用的符号

国家标准规定著录用符号为前置符。按著者－出版年制组织的参考文献表中的第一个著录项目,如主要责任者、析出文献主要责任者、专利申请者或所有者前不使用任何标识符号。按顺序编码制组织的参考文献表中的各篇文献序号用方括号,如:[1]、[2]…。规定的标识符号如下:

(1)“.”用于题名项、析出文献题名项、其他责任者、析出文献其他责任者、连续出版物的“年卷期或其他标识”项、版本项、出版项、连续出版物中析出文献的出处项、获取和访问路径以及数字对象唯一标识符前。每一条参考文献的结尾可用“.”号。

(2)“:”用于其他题名信息、出版者、引文页码、析出文献的页码、专利号前。

(3)“,”用于同一著作方式的责任者、“等”“译”字样、出版年、期刊年卷期标识中的年和卷号前。

(4)“;”用于同一责任者的合订题名以及期刊后续的年卷期标识与页码前。

(5)“// ”用于专著中析出文献的出处项前。

(6)“()”用于期刊年卷期标识中的期号、报纸的版次、电子资源的更新或修改日期以及非公元纪年的出版年。

(7)“[ ]”用于文献序号、文献类型标识、电子资源的引用日期以及自拟的信息。

(8)“/”用于合期的期号间以及文献载体标识前。

(9)“-”用于起讫序号和起讫页码间。

文献类型和文献载体标识代码如表 6.16、表 6.17 所示。

表 6.16　文献类型和标识代码

参考文献类型	文献类型标识代码
普通图书	M
会议录	C
汇编	G
报纸	N
期刊	J
学位论文	D
报告	R
标准	S
专利	P
数据库	DB
计算机程序	CP
电子公告	EB
档案	A
舆图	CM
数据集	DS
其他	Z

表 6.17　电子文献载体和标识代码

载体类型	标识代码
磁带(magnetic tape)	MT
磁盘(disk)	DK
光盘(CD-ROM)	CD
联机网络(online)	OL

2. 参考文献在正文中的著录规则

(1)顺序编码制

①按正文中引用的文献出现的先后顺序用阿拉伯数字连续编码,并将序号置于方括号中。

【示例】

……采用不同的资料同化算法同化卫星和雷达数据、地表观测资料,优化地表和根区土壤温度、水分、地表能量通量等的估算[1]。

②同一处引用多篇文献时,将各篇文献的序号在方括号中全部列出,各序号间用","。如遇到连续序号,可标注起讫号"-"。

【示例1】

……在北半球夏季和秋季,印度尼西亚降水与赤道东太平洋的海温异常有着很强的负相关[5,9]……

【示例2】

……极区臭氧洞的气候效应研究成为了国际热点[1-3]。

③同一篇文献在论著中被引用多次,只编一个号,引文页码放在"[]"外,文献表中不再重复著录页码。

【示例】

……利用回归分析方法得到热带太平洋海表温度场中与 Nino4 区海温变化无关的残差部分,进而对残差场进行 EOF 分析[5]1……. 在 EPI 指数的定义中采用线性回归的方法滤除了 Niño4 区域平均 SSTA 的影响[5]3……

(2)著者-出版年制

①各篇文献的标注内容有著者姓氏与出版年构成,并置于"()"内;若正文中已提及著者姓名,则在其后的"()"内只需著录出版年。

【示例】

……导致低层梅雨锋几近消失(Akiyama,1973;王建捷和陶诗言,2002),……

②集体著者著述的文献可标注机关团体名称。

【示例】

观测资料的获取依据我国民用航空行业标准 MH/T 4016—2007(中国民用航空局空管行业管理办公室,2007)所规定的观测仪器和设施进行观测和报告。……

③在正文中引用三个以上著者文献时,对欧美著者只需标注第一个著者的姓,其后附"et al.";对中文著者应标注第一著者的姓名,其后附"等"。

【示例1】

……物理量诊断分析以及暴雨的预报方法(曹钢锋 等,1988;张经珍 等,1998;闫丽凤 等,1999;李昌义 等,1999,2000a,2000b,2000c;李昌义,2000;刘文 等,2003)。……

【示例2】

……站点稀疏区域的异常特征(Buell,1971;卡札凯维奇,1974;Dyer,1975;Morin et al.,1979;Karl et al.,1982;祝昌汉,1992;丁裕国,1993)。……

④多次引用同一作者的同一文献,在正文中标注著者与出版年,并在"()"外以角标的形式著录引文页码。

【示例】

……与亚洲季风和澳洲季风活动均存在着密切关联(Chang et al.,2005)287……

这与海洋性大陆夏季对流活动主要集中在 MC 区域北侧有关（Chang et al.，2005）[299]。

3. 参考文献表的著录格式

（1）顺序编码制

采用顺序编码制时，参考文献按在正文中出现的先后次序列于文后，参考文献的序号左顶格，并用数字加方括号表示，如[1]，[2]，…，以与正文中的指示序号格式一致。

①专著

主要责任者．题名：其他题名信息［文献类型标识/文献载体标识］．其他责任者．版本项．出版地：出版者，出版年：引文页码［引用日期］．获取和访问路径．数字对象唯一标识符．

【示例】

［1］高由禧，徐淑英，郭其蕴，等．东亚季风的若干问题［M］．北京：科学出版社，1962:12-27．

［2］李崇银．大气低频振荡［M］．北京：气象出版社，1993:201．

②专著中的析出文献

析出文献主要责任者．析出文献题名［文献类型标识/文献载体标识］．析出其他责任者∥专著主要责任者．专著题名：其他题名信息．版本项．出版地：出版者，出版年：析出文献的页码［引用日期］．获取和访问路径．数字对象唯一标识符．

【示例】

［1］符淙斌．海洋过程和气候变化［M］//叶笃正，曾庆存，郭裕福．当代气候研究．北京：气象出版社，1991:212-233．

③连续出版物（期刊、报纸）中的析出文献

析出文献主要责任者．析出文献题名［文献类型标识/文献载体标识］．连续出版物题名：其他题名信息，年，卷（期）：页码［引用日期］．获取和访问路径．数字对象唯一标识符．

【示例】

［1］黄荣辉，陈际龙，周连童，等．关于中国重大气候灾害与东亚气候系统之间关系的研究［J］．大气科学，2003，27（4）:770-787．

［2］Samelson R M，Tziperman E. Instability of the chaotic ENSO：The growth-phase predictability barrier［J］. J Atmos Sci，2001，58:3613-3625．

④电子资源

主要责任者．题名：其他题名信息［文献类型标识/文献载体标识］．出版地：出版者，出版年：引文页码（更新或修改日期）［引用日期］．获取和访问路径．数字对象唯一标识符．

【示例】

[1] 萧钰. 出版业信息化迈入快车道[EB/OL]. (2001-12-19)[2002-04-15].
　　http：//www. creader. com/news/200112190019. htm.

(2)著者-出版年制

参考文献表采用著者-出版年制组织时,各篇文献首先按文种集中,可分为中文、日文、西文、俄文、其他文种 5 部分;然后按著者字顺和出版年排列。中文文献可以按著者汉语拼音字顺排列,也可以按著者的笔画顺序排列。

在参考文献表中著录同一作者在同一年出版的多篇文献,在出版年后分别用 a、b、c、... 区别。

【示例】

张顺利,陶诗言,张庆云,等,2003. 长江中下游致洪暴雨的多尺度条件[J]. 科学通报,47(6):467-473.

张小玲,陶诗言,张庆云,2002. 1998 年梅雨锋的动力热力结构分析[J]. 应用气象学报,13(3):257-268.

赵思雄,陶祖钰,孙建华,等,2004. 长江流域梅雨锋暴雨机理的分析研究[M]. 北京:气象出版社:27-28.

周海光,王玉彬,2005. 2003 年 6 月 30 日梅雨锋大暴雨 β 和 γ 中尺度结构的双多普勒雷达反演[J]. 气象学报,63(3):301-312.

AKIYAMA T,1973. The large-scale aspects of the characteristic features of the Baiu front[J]. Pap Meteor Geophys,24：157-188.

AKIYAMA T,1990. Large, synoptic and meso-scale variations of the Baiu front during July 1982. Part I:Frontal structure and disturbances[J]. J Meteor Soc Japan,68:559-574.

CUI X P,Gao S T,Zhang H X,et al. ,2009. A diagnostic analysis of the simulated structure of a Meiyu front system in 1999[J]. Acta Meteorologica Sinica,23(1):43-52.

DING Y H,1992. Summer monsoon rainfall in China[J]. J Meteor Soc Japan,70(1):373-396.

(3)带有 DOI 的文后参考文献

DOI 系统已正式被批准成为 ISO 国际标准,DOI 对期刊出版必将产生广泛而深远的影响。DOI 系统具有给数字对象分配永久且唯一标识码的功能,期刊论文采用 DOI 的好处也是显而易见的。DOI 确保了期刊网络资源的稳定链接,方便读者更加简单、直接和有效地检索文献;DOI 推动了数字化期刊的规范发展;DOI 有利于学术期刊在线优先出版,使得科研成果以最快速度公布于众;DOI 有利于知识产权的保护,有利于网络运营商及信息资源集成商在商业竞争中健康发展;DOI 有利于引文的准确统计,促进期刊文献计量学研究。应充分重视文献的 DOI 项,在著录文后参考文献时,应规范著录文献的 DOI 项;对于回溯过刊时注册了 DOI 的文献,在作为文后参考文献进行著录时,应尽可能著录 DOI 项。

①有页码的情况。

【示例】

······. Science,2006,311:1917-1921. doi:10. 1126/sciences. 1119929.

······. Q J R Meteorol Soc,1967,93:501-508. doi:10. 1002/qj. 49709339809.

②无页码的情况:没有编排连续页码,但有 DOI 的文献。

【示例】

······. J Geophys Res,2010,115,D11111. doi:10. 1029/2009JD012266.

······. Mon Wea Rev,2009. doi:10. 1175/2009MWR2950. 1.

6.8.4　参考文献举例分析

(1)文中内容与参考文献表对照

作者在撰写论著时,会根据需要增加或删除文后的参考文献,但在进行文中和文后参考文献的编号和著录时,往往会顾此失彼,使得文中的标引和参考文献表不对应。校对时,对这类失真应给予足够的重视。

【示例 1】

Mantaka 等[18]利用······然而,在文献表中,文献[17]的第一作者为 Mantaka,而[18]的第一作者为 Ashton,经过对比文中的文献序号和参考文献表,很容易发现,文中文献序号与文献表序号不一致。

【示例 2】

基于此思想,Murray 等[2]率先提出了······,并成功应用于······研究中[3-4]。在文献表中,[2]和[3]的第一作者均为 Murray,但[4]的第一作者为 Brinck,经过核对发现是文献[4]中著录了 Murray。

此外,这方面的著录错误还有如下 4 类。第 1 类错误是文中说某工作是某人的成果,但文献表中却并不是他的工作。第 2 类错误是文中文献编号并不是按引文出现的先后顺序从小到大编号,如文献[12]比文献[11]先出现,甚至文献[24]出现在文献[5]前,有时候还会出现文献表中 2 篇文献编同一个号的情况,或者同一篇文献有 2 个序号。第 3 类错误是文献表中有些文献没有在正文中被引用。第 4 类错误是文中人名著录与文献表中相应的人名不一致。

为了避免这种由文章撰写过程中增删文献引起的错误,人们已经开发出插入、管理文中参考文献的软件,如 EndNote。这些软件能在增删文献时,自动调整文中文献与文后文献表中相应文献的编号,并能调整文后文献的先后顺序,能够减少撰写文章时著录文献的工作量,并能显著减少著录错误。

（2）刊名的校对

有代表性的刊名著录失真错误主要有 3 种形式。

第 1 种情况是刊名缺项，如某条文献的刊名和年卷信息为"J Phys Chem，2004，108"。《J Phys Chem》从 1997 年开始分成《J Phys Chem A》和《J Phys Chem B》2 刊，并从 2007 年开始进一步分成《J Phys Chem A》、《J Phys Chem B》和《J Phys Chem C》3 刊。知道这一情况就很容易判断其疏漏。这条文献的刊名存在缺项；经过查证，其正确的刊名应该是《J Phys Chem B》。

第 2 种情况是刊名缩写不正确，如某条文献的刊名为"J Appl Met"。其中"Met"不是常见的一种缩写形式，可能存在著录失真。经过查证后发现，正确的刊名应该是"J Appl Meteor"。刊名应该按照相关的国际标准进行缩写，不能随意缩写。若确实不知道如何缩写，就应当以全称形式著录。

第 3 种情况是把刊名一部分错误地放到卷号中，如某条文献的刊名和年卷信息为"Phys Rev，2006，74B"。卷号一般情况是不加 A、B、C 等字母的。经过查证后发现，这条文献是将刊名中的 B 放到卷号里了，正确的刊名和卷号分别是"Phys Rev B"和"74"。

在省略题名并且人名和刊名都用缩写时，有时还会出现刊名和人名混淆的情况，如误将人名缩写中的"J"当作刊名或把刊名中的"J"当作人名。

（3）人名的校对

文献表中人名最容易出现失真。典型的人名失真有以下 4 种情况：把外国人的名和姓弄混；只著录了部分作者（常常是只著录第一作者），而且后面没有加"等"或"et al."标示；姓名拼写错误；名没有正确缩写。

（4）年卷信息的校对

年卷信息失真最常出现的错误是将期号当成了卷号。如某条文献的刊名、年、卷、期、页码信息为"Chem Lett，1998，1:101"。其中卷号是"1"，值得怀疑。经核实，发现"1"应该是期号，而不是卷号。

有时也会将年、卷信息写错。如某篇文章文献表中 2 条文献的刊名和年卷信息分别为"J Am Chem Soc，2006，128"和"J Am Chem Soc，2004，130"。这是同一刊物"J Am Chem Soc"上的 2 条文献。比较后发现，前者的出版年是 2006，卷号是 128，而后者的出版年是 2004，但卷号却是 130，与年增长卷号增加的常识不符。经查证发现，后者的卷号应该是 126，而不是 130。

（5）标点符号的错误

【示例1】

宫晓艳，2009，大气无线电 GNSS 掩星探测技术研究[D]，北京：中国科学院研究生院（空间科学与应用研究中心），31-32.

该文献存在的问题就是"一逗到底"，应该按照著录规则对文献进行正确著录。

修改后为：

宫晓艳,2009. 大气无线电 GNSS 掩星探测技术研究[D]. 北京:中国科学院研
　　究生院:31-32.

【示例 2】

邵选民,刘欣生.1987. 云中闪电及云下部正电荷的初步分析. 高原气象[J],6
　　(4):317-325.

年份前句点改为逗号,文献标识符应在题名后而不是在刊名后。

修改后为:

邵选民,刘欣生,1987. 云中闪电及云下部正电荷的初步分析[J]. 高原气象,6
　　(4):317-325.

(6)文献的页码存在错误

【示例】

卢楚翰,王蕊,秦育婧,等,2012. 平流层异常下传对 2009 年 12 月北半球大范围
　　降雪过程的影响[J]. 大气科学学报,35(3):34-310.

页码范围为 34-310,该篇论文长达 277,一本期刊也没有这么长,经核实,页码为
304-310。

(7)出版者或学位论文机构所在地存在错漏问题

【示例】

陆魁东,2015. 湖南气候与作物气象[M]. 湖南:湖南科学技术出版社.

田心如,2009. 江苏省高影响性大雾天气特征及变化成因研究[D]. 南京大学.

上述两例,一是地址错误,地址应该写城市名称而不是写省名;二是漏写地址。

修改后为:

陆魁东,2015. 湖南气候与作物气象[M]. 长沙:湖南科学技术出版社.

田心如,2009. 江苏省高影响性大雾天气特征及变化成因研究[D]. 南京:南京大学.

6.9　专有名词和科技术语

6.9.1　专业名词

　　准确使用规范化科学词语是进行科技交流必要的基础。科技术语、名词及名称
采用全国科学技术名词审定委员会公布的名词。该委员会未公布的名词采用各有
关专业规定的标准名词。凡经查未定的名词,可以自拟或采用比较合理的暂行名
词,但必须全稿统一,并应在稿中第一次出现该名词时,在其后括注出外文名词。如
吉普羊(geep)系山羊(goat)和绵羊(sheep)的嵌合体。

　　随着大气科学的快速发展,其分支学科研究领域也在不断拓展,出现了大量新
的专业名词。为了准确规范地使用这些名词,可以查阅《大气科学名词(第三版)》

（全国科学技术名词审定委员会，2009）、《英汉汉英大气科学词汇》（周诗健 等，2012）、《中国气象百科全书（6卷）》（中国气象百科全书总编委会，2016）等。

6.9.2 机构名称

机构名称第一次出现时应采用标准的全称，不能有错字、多字、少字。如果后文中出现频率较多，则可在第一次出现时在其后用括号标注简称并写明"后用简称"，全文一定要统一。例如，中国气象科学研究院（简称"气科院"，后用简称）。生僻和易混淆的简称切勿使用。机构名称不能多字或者少字，也不能有错别字、颠倒字。如"欧洲中期天气预报中心（European Centre for Medium-Range Weather Forecasts，简称 ECMWF）"不能写成"欧洲天气预报中心"。

6.9.3 人名

（1）中国人名用汉语拼音拼写姓名时，应符合 GB/T28039—2011《中国人名汉语拼音字母拼写法》的规定，汉语姓名按照普通话拼写，少数民族语姓名按照民族语拼写。姓和名分写，姓在前，名在后，姓名之间用空格分开。复姓连写。姓和名的第一个字母大写，双名应连写，中间不加连字符，如 Guo Moruo（郭沫若）、Yuan Longping（袁隆平）。根据美国汤森路透科技信息集团 2013 年公布的《期刊引证报告》中 135种国内（不包括港澳台地区）主办的 SCI 英文学术期刊中国人名拼写的调查情况，发现中国人名拼写问题主要有以下 3 种：①姓和名顺序问题；②双名中间加连字符问题；③双名首字母均大写问题（李亚新，1996）。

（2）对已有固定英文姓名的中国科学家、华裔外籍科学家以及知名人士，应使用其固定的英文姓名，如 T. D. Lee（李政道）、C. N. Yang（杨振宁）。

（3）学术图书中出现的外国人名若为西文或俄文，一般采用直接使用原文的方法。对日文人名的日文汉字应改为简化汉字。对一些非常著名的外国人可使用惯用汉语译法，如达尔文、李比希、米丘林等。外国人名拼写问题主要有以下 5 种：①Mac、Mc 前缀（表 6.18）被省略，或与姓混淆，或与名混淆；②不明白罗马数字含义，随意省略；③将 Jr（表示儿子）、Sr（表示父亲）误认为是名字的一部分；④把学位（PhD、SM、MBA 等）误认为名字的一部分；⑤分不清姓和名（金伟和乔桢，2016；毛星 等，2016）。

表 6.18　外国人名前缀及其含义

前缀	含义
Mac、Mc、O'	放在爱尔兰或苏格兰人姓氏之前，有"之子""……的"之意
Van、zur	置于德国或者荷兰人姓氏前，表示本源地
von	置于德国或荷兰人姓氏前，表示贵族
De、de、La、Le	用于法国人姓氏之前，表示世居地

6.9.4　地名

地名的处理关系到国家的名族政策、外交政策等多方面政策,必须严肃对待(汪继祥,2010)。①我国县以上地名以《中华人民共和国行政区划简册》最新年度版为准。②跨国界山脉、山峰、河流、湖泊等,必须以我国命名为准。③跨国河流在不同国家(地区)境内段有不同的名称,要注意区别,不可弄错。④注意界河、界山的称谓。⑤中国地名用英文拼写时,汉名一般都按拼音拼写规则拼写。但对少数民族地区的地名不能按普通拼写方式拼写,必须使用最新《中华人民共和国地图集》《中华人民共和国分省地图集》《中国地名录》的地名为准。如 Nyingchi(林芝)、Taxkorgan(塔什库尔干)、Tarim(塔里木)。⑥外国地名一般按中国地名委员会编的《外国地名译名手册》(商务印书馆)来翻译。

第7章　大气科学相关期刊

7.1　中文期刊

《中国学术期刊影响因子年报(自然科学与工程技术)》(2019年)列出了35种大气科学类专业期刊(肖宏,2019),其中,中文期刊为30种,英文期刊为5种。30种中文期刊有10种期刊被《中文核心期刊要目总览(2017年版)》收录(陈建龙等,2018)。

7.1.1　10种中文核心期刊

10种被《中文核心期刊要目总览(2017年版)》收录的核心期刊为《大气科学》《大气科学学报》《高原气象》《气候变化研究进展》《气候与环境研究》《气象科学》《气象》《气象学报》《热带气象学报》《应用气象学报》。这10种期刊的投稿目前需在投稿系统中完成,具体期刊网站请见表7.1。

表7.1　10种中文核心期刊简介(按中文名称顺序排列)

中文名称	英文名称	2020年卷号	刊期	期刊网站
大气科学	*Chinese Journal of Atmospheric Sciences*	44	双月	http://www.dqkxqk.ac.cn/dqkx/dqkx/home
大气科学学报	*Transactions of Atmospheric Sciences*	43	双月	http://dqkxxb.cnjournals.org
高原气象	*Plateau Meteorology*	38	双月	http://www.gyqx.ac.cn
气候变化研究进展	*Progressus Inquisitions DE Mutatione Climatis*	16	双月	http://www.climatechange.cn
气候与环境研究	*Climatic and Environmental Research*	25	双月	http://www.dqkxqk.ac.cn/qhhj/qhhj/home
气象	*Meteorological Monthly*	46	单月	http://qxqk.nmc.cn/qx/ch/index.aspx
气象科学	*Journal of the Meteorological Sciences*	40	双月	http://www.jms1980.com/ch/index.aspx

续表

中文名称	英文名称	2020 年卷号	刊期	期刊网站
气象学报	*Acta Meteorologica Sinica*	78	双月	http://www.cmsjournal.net/qxxb_cn/ch/index.aspx
热带气象学报	*Journal of Tropical Meteorology*	37	双月	http://rdqx.ijournals.cn/ch/index.aspx
应用气象学报	*Journal of Applied Meteorological Science*	31	双月	http://qikan.camscma.cn/

7.1.2　11 种省级更名期刊

基于《中国学术期刊影响因子年报(自然科学与工程技术)》(2019 年)列出的 35 种大气科学类专业期刊,可以发现,2003—2020 年有 10 种省级综合性期刊更名为学术性期刊(表 7.2)。《暴雨灾害》2016 年由季刊变更为双月刊;《干旱气象》2014 年由季刊变更为双月刊(1962 年停刊,1982 年复刊并出版试刊,1983 年正式以第 1 卷起);《气象与环境学报》2006 年由季刊变更为双月刊(1985 年以第 1 卷起);《沙漠与绿洲气象》1992 年由月刊变更为双月刊,2007 年更名时以第 1 卷起(潘魏伟 等,2016a;2016b)。另外,未被年报收录的《气象灾害防御》是由 1983 年创刊的《吉林气象》所更名。

表 7.2　11 种大气科学更名期刊简介(按中文名称顺序排列)

刊名	刊期	曾刊名	创刊年	更名年份	2020 年的卷号
暴雨灾害	双月刊	湖北气象	1982 年	2007 年	39
高原山地气象研究	季刊	四川气象	1981 年	2008 年	40
海洋气象学报	季刊	山东气象	1976 年	2017 年	40
干旱气象	双月刊	甘肃气象	1958 年	2003 年	38
气象研究与应用	季刊	广西气象	1956 年	2007 年	41
气象与环境科学	季刊	河南气象	1978 年	2007 年	43
气象与环境学报	双月刊	辽宁气象	1984 年	2006 年	36
气象与减灾研究	季刊	江西气象科技	1978 年	2006 年	43
气象灾害防御	季刊	吉林气象	1983 年	2014 年	27
中低纬山地气象	双月	贵州气象	1962 年	2018 年	44
沙漠与绿洲气象	双月刊	新疆气象	1956 年	2007 年	14

7.1.3　20 种非核心中文期刊

《中国学术期刊影响因子年报(自然科学与工程技术)》(2019 年)收录的 20 种非

核心期刊(按照中文名称顺序排列)为:《暴雨灾害》《大气与环境光学学报》《干旱气象》《高原山地气象研究》《广东气象》《中低纬山地气象》《海洋预报》《黑龙江气象》《内蒙古气象》《气象科技》《气象科技进展》《气象研究与应用》《气象与环境科学》《气象与环境学报》《气象与减灾研究》《沙漠与绿洲气象》《海洋气象学报》《陕西气象》《灾害学》《浙江气象》。

除上述期刊之外,还有如《重庆气象》《福建气象》《河北气象》《气象科技合作动态》《青海气象》《山西气象》《云南气象》等属内部资料的期刊。

7.1.4　其他中文期刊

气象类期刊还有《干旱区研究》《中国农业气象》《大气科学研究与应用》(以书代刊,上海)等。此外,综合性期刊有《中国科学:地球科学》《科学通报》。

7.2　西文期刊

全球的气象类英文期刊数量庞大,这里主要介绍中国主办的 5 种、美国气象学会主办的 12 种。

7.2.1　中国主办的 5 种英文期刊

中国主办的气象学类英文期刊有 5 种(表 7.3):*Advances in Atmospheric Sciences*(SCI 收录)、*Journal of Meteorological Research*(SCIE 收录)、*Journal of Tropical Meteorology*(SCIE 收录)*Atmospheric and Oceanic Science Letters*、*Advance in Climate Change Research*(SCIE 收录)。

表 7.3　5 种中国主办的气象学英文期刊简介(按英文名称顺序排列)

英文名称	中文名称	2020 年卷号	刊期	期刊网站
Advances in Atmospheric Sciences	大气科学进展	37	双月	http://www.iapjournals.ac.cn/aas/
Advances in Climate Change Research	气候变化研究进展	10	季刊	http://www.climatechange.cn/
Atmospheric and Oceanic Science Letters	大气和海洋科学快报	13	双月	http://159.226.119.58/aosl
Journal of Meteorological Research	气象学报	34	双月	http://jmr.cmsjournal.net/
Journal of Tropical Meteorology	热带气象学报	26	季刊	http://rdqxen.ijournals.cn/rdqxcn/ch/index.aspx

7.2.2　美国气象学会主办的 12 种期刊

美国气象学会（American Meteorological Society，AMS）主办了 12 种期刊（表 7.4；访问地址：http://journals. ametsoc. org/）。AMS 创立于 1919 年，其目的在于促进大气科学与相关的海洋和水文科学在信息和教育方面的发展和传播。AMS 无论是从会员规模，还是从学会每年组织学术活动和出版专业出版物等角度，都是世界上最大和学术成绩最显赫的专业学会之一。在气象科学不断发展的进程中 AMS 陆续创办了系列的气象学专业科技期刊。这些期刊不仅历史悠久，而且具有鲜明特色，其学术价值被全球学者广泛认可，具有较大的学术影响力。如 *Monthly Weather Review* 创刊于 1872 年，*Bulletin of the American Meteorological Society* 创刊于 1920 年，并保持着很好的连续性；AMS 期刊刊载的论文反映着气象科学发展最前沿的信息，版式一般为 12 开，以卷为本，每年一卷，各期连续排页。1995 年 9 月，AMS 在互联网上建立了自己的网站（http://ams. allenpress. com/），向全球读者免费提供各刊论文题目表和文摘服务，并提供全文访问的有偿服务。各种 AMS 期刊信息陆续上网，期刊回溯年代不断前推，最早的 Monthly Weather Review 已经回朔到 1873 年（资料来源于南京信息工程大学图书馆网站：http://lib. nuist. edu. cn/bencan-dy. php? fid＝26&id＝62）。

表 7.4　美国气象学会主办的 12 种期刊的简介（按英文名称顺序排列）

刊名	简介	2020 年卷号
Bulletin of the American Meteorological Society	《美国气象学会公报》，月刊，1920 年创刊，为美国气象学会的机关刊物。读者通过该刊可以了解美国气象学会的全貌。报道内容广泛，栏目设置灵活，如研究论文、专题报告、会议计划、会议评论、方针政策与规定、分会新闻、会员通信、各类通知、通告、新出版物、专家名录、书评等等，并刊载重要的综述性学术论文，每期都刊登该学会近期主要期刊的目录。这是以通报性为主的刊物，对有关人员及早了解相关信息是非常重要的。	101
Journal of Applied Meteorology and Climatology	《应用气象学及气候学杂志》（原名：Journal of Applied Meteorolo-gy《应用气象学杂志》），月刊，1962 创刊。1983 年因扩充了气候学方面的内容而更名为 Journal of Climate and Applied Meteorol-ogy。到 1988 年该刊又作了重大调整：将此刊一分为二，分别以 Journal of Climate 和 Journal of Applied Meteorology 为名作为姊妹刊与读者见面。2006 年加入应用气候学方面的内容，更名为 Journal of Applied Meteorology and Climatology。主要刊载物理气象学、云雾物理学、人工影响天气、卫星气象学、水文气象学、生物气象学、农业和林业气象学、空气污染气象学等应用气象学各类型的数值模式、观测方法、观测方案及结果等内容还有应用气候学方面的内容。	59

续表

刊名	简介	2020 年卷号
Journal of Atmospheric and Oceanic Technology	《大气和海洋技术杂志》，月刊，1984 年创刊。主要刊载大气和海洋技术方面的论文，内容包括应用于大气和海洋探测、研究方面的仪器研制和方法学、仪器检定和描述、数据获取和处理技术、数值技术、资料同化、技术成果、例证讨论和结果分析等。主要强调数据的采集、解释仪器问题、技术问题。同时刊载最新研究进展及阶段结果。	37
Journal of the Atmospheric Sciences	《大气科学杂志》，月刊，1944 创刊。1960 年之前刊名为 Journal of Meteorology。主要刊载地球和行星大气动力学、大气物理学方面的论文，着重论题的数据分析和推理演绎。该刊是一种侧重基础理论研究刊物。除刊登研究论文外，还报道大气科学研究的进展和简报、预登重要文章的篇名目录等。	77
Journal of Climate	《气候杂志》，半月刊，1988 年创刊。从 Journal of Climate and Applied Meteorology 中分离出来单独出版。主要刊载气候和气候影响分析方面的原始论文，内容涉及大尺度天气变化（季节之间、年度之间的时间尺度），人类活动引起的气候系统的变化、气候模式、气候诊断预报、气候变化对社会的影响等。	33
Earth Interactions	《地球交互作用》，电子版期刊 Earth Interactions 在 1996 年开始运作。AMS 认为，除了学会已有的印刷版刊物以外，应该寻求出版自己的电子出版物，同时，应该通过与相似学会的合作来完成。NASA 在 1995 年 3 月批准了对这份电子期刊的赞助，1995 年 11 开始 3 家学会同时征稿，1996 年正式推出。侧重报道在全球环境变化下，岩石圈、水圈、大气圈及生物圈之间的交互作用，探索电子通信技术的应用，并为作者提供使用动画和其他可视性技术的机会，这是传统出版不能与之媲美的。	24
Journal of Hydrometeorology	《水文气象学杂志》，双月刊，2000 年创刊。刊载和水文学交叉研究结果。发表关于建模方面、观察以及水和能量流量及储存期限方面预测方法的研究，包括界面层与较低的大气层的交互，也包括关于降水量、辐射及其他气象输入方面的研究。	17
Monthly Weather Review	《每月天气评论》，月刊，1872 年创刊，历史悠久。侧重于天气分析、天气观测和天气预报，其中包括大气环流的模式、北半球大气环流和美国的气候情况、每月环流与天气的评述及最新技术研究、发展及验证等。刊载气象学研究成果的论文。	148
Journal of Physical Oceanography	《物理海洋学杂志》，月刊，1971 年创刊。研究海洋物理学及其边缘领域，侧重于理论与建模方面的研究，特别是与实际观察资料有关的一些研究。	50

续表

刊名	简介	2020 年卷号
Weather and Forecasting	《天气预报》双月刊,1986 创刊,刊载内容包括天气预报技术、新的分析方法的应用、预报检验研究、及对预报员有益的中尺度和天气尺度个例分析等等。	35
Weather , Climate , and Society	《天气、气候与社会》,季刊,2009 年创刊。主要刊登与天气、气候(包括气候变化)有关的经济学、政策分析、政治学、历史学以及制度、社会与行为研究成果。投稿必须包括原创的社会科学研究,以证据为基础的分析,以及相关的天气、气候与社会相互作用的研究。	12
Meteorological Monographs	《气象学专著》,AMS 专著系列有两部分:历史和气象。历史专著以编年史形式纪录一段时期内气象学进展,以气象为主的重要事件,或者是记录对气象科学有重大的贡献的个人或团体的事迹。	59

此外,国内外主要气象期刊见附录 B。

7.3　精品期刊建设

科学技术高速发展和学术交流的不断扩大,使得科技期刊的精品建设和品牌打造越来越为期刊界所关注,成为焦点和热点。2005 年 5 月,科技部首先论证并启动"精品科技期刊战略研究"的一系列课题研究,并取得了阶段性的研究成果。2006年,中国科学技术协会也组织开展精品科技期刊工程项目资助的申报和评审工作,并确定精品战略的指导思想是以提高科技质量为目标,创办精品科技期刊为重点,引领我国科技期刊整体水平的提高和国际竞争力的增强,为我国科技自主创新提供良好的服务和坚实的保障。以下以中国自然科学核心期刊《气象科学》为例,对《气象科学》在精品建设的过程中的探索和思考进行总结(孙燕 等,2017)。

7.3.1　《气象科学》实施科技精品期刊的条件

1. 立足大气,特色鲜明

近年来随着气候变化的负面影响日益凸显,大气科学在国民经济和社会生活中的巨大作用日益显著,大气科学及其相关学科成为学界显学和学术热点。2016 年 6月我国国家自然科学基金公布的"十三五"发展规划中明确表示,优先把大气科学范畴的"环境与气候效应、全球环境变化和地球圈相互作用"列入到重点发展的倾斜支持学科。因此,作为发表大气科学成果的重要平台,《气象科学》根据大气科学的学科特点,与时俱进,密切关注国内外科学动态,紧跟前沿,积极反映国内外重大科研项目的研究进展和最新学术成果,及时将最新成果吸纳和发表。

2. 一流学科,强力支撑

《气象科学》是由江苏省气象学会主办,南京大学大气科学学院、南京信息工程大学、国防科技大学气象海洋学院、江苏省气象局四家联办,1980 年创办的学术性专业期刊。联办单位中有世界上最大的气象专业院校,世界各地的很多气象科学家与三家联办高校有着深厚的渊源。主办单位在大气科学领域底蕴厚重、建树颇丰。比如南京信息工程大学大气科学学科在教育部一级学科评估中名列全国第一,并入选首批教育部"双一流"工程——"世界一流学科建设"名单。学校还以大气科学学科为核心,打造了国内外最完整的大气科学学科群,包括天气气候、大气物理、大气化学、大气探测、水文气象、应用气象、气象经济、气象伦理等。学校还建设了一系列大气科学领域的省部级研究机构,包括气候与气象灾害协同创新中心、大气环境与装备技术协同创新中心、气候与环境变化教育部首批国际联合实验室、气象灾害教育部重点实验室、中国气象局大气物理与大气环境重点开放实验室、气候变化与公共政策研究院等,为《气象科学》的发展提供了强力支撑。

3. 专家领衔,编委专业

《气象科学》探索出一条"科学家办刊"的新路,从送审到稿件的最终处理结论(采用或退稿)完全由相关专业的常务编委决定,常务编委做稿件的责编。本届常务编委都是大气科学学科和相关领域的领军人士,对本学科研究的创新点极为敏感,这是编委负责制最大优势所在,经过 2 年的运行,优势初步显现。审稿专家队伍在数量上,已经由原来的几十位增加到近五百位,地域从江苏扩展到全国乃至国外;邀请了一批学科领域的顶级专家,还发展了一大批年轻的具有博士学位的教授、副教授、高工加入到审稿专家队伍,这些都是一个期刊的实力体现,同时,审稿质量也明显提升。《气象科学》的论文均要经过编辑初审、值班主编复审、责任编辑负责送审、专家审稿、主编终审等严格的审稿环节。编辑初审不仅要对稿件进行形式审查,如是否有基金项目支撑、作者简介是否规范、论文项目是否齐全等,更要进行内容审查,如论文的科学性、先进性、创新性等。尤其抵制学术不端行为,编辑部实行来稿和出版前 2 次学术不端检查,对检查结果认真甄别,对学术不端稿件坚决退稿。

7.3.2 《气象科学》在精品期刊建设方面的举措

1. 根据学科特点,结合科学热点,创建特色栏目

根据自身条件和基础,充分发挥优势、专长,努力打造特色栏目,争取高水平的优质稿源。栏目的特色化、品牌化才有影响力,才能提高期刊的核心竞争力。同时,基于科技期刊的学科特点,也要与时俱进,密切关注国内外科学动态,紧跟前沿,积极反映国内外重大科研项目的研究进展和最新学术成果,及时将最新成果吸纳和发表。《气象科学》在保留经典特色栏目的同时,积极关注前沿热点,并注意科研成果的时效性,有目的地组织策划。《气象科学》以出期刊周年庆专刊为契机向著名专家约稿,在厄尔尼诺年的气候异常约稿相关专家组稿特色栏目,在2016年江苏阜宁射阳遭龙卷风冰雹袭击事件时约稿相关领域专家组稿相关研究论文,还有抓住研究热点出版以大气环境为主题的专刊等等。通过特色栏目、专刊等举措,《气象科学》扩大了读者和作者队伍,提升了社会影响力。

2. 学术质量和编校出版质量的把控

稿件质量与学术水平是科技期刊的生命。目前,许多国外著名科技期刊已将触角伸向全球,在世界范围内寻求高水平的科技论文。我们在立足本国优秀科技论文的同时,也要积极寻求与国际知名学者的合作,扩大本刊在相关研究领域的国际影响力。南京是"气象人才摇篮",拥有学术资源丰富,信息化程度高、规模庞大的气象基地。《气象科学》多年建立起了广大的读者群、作者群、审稿专家群,同时,积极主动聘请本行业和相关专业领域的优秀专家学者成为本刊的主编、常务编委、编委和审稿专家。主动向活跃在科研一线的专家学者约稿,争取优先发表前沿的优质稿件。力争通过《气象科学》的平台发挥其对大气科学及其相关领域的引领和推动,使优秀专家愿意并且以成为《气象科学》的当家人为荣。充分利用编委会其人脉优势,促进《气象科学》的发展,推动期刊国际化。

提升期刊质量审稿与编校质量是科技期刊的血肉,是期刊生命力的保证。高品质科技论文的发表出版,离不开要编辑的辛勤工作。加工校对、修改润色、排版制作等每一个环节都要细心、耐心,具有需要强烈的责任心。科技期刊论文不仅要达到期刊出版的编校质量基本要求,随着期刊的国际化,科技论文还要符合 SCI、EI、ISTP 等国际检索系统的要求。《气象科学》被《中国学术期刊(光盘版)》(CAJ－CD)、"中国知网"(www.cnki.net)、万方数据资源系统"数字化期刊"(www.wanfangdata.com.cn)、维普资讯网(www.cqvip.com)和华艺思博网(CEPS)、《日本科学技术振兴机构中国文献数据库》(JSTChina)全文收录。在江苏省新闻出版广电局的年度期刊核验编校质量检查中刊物抽查差错率仅为万分之一,优于万分之三的合格标准。

3. 数字化建设及传统媒体和新媒体的融合发展

当今世界已经进入数字化、网络化的时代,新媒体的出现刺激和带动了科技期刊的数字化、网络化。《气象科学》早在2011年就建立了自己的官方网站,除了介绍期刊和编委会,阐明投稿须知、征稿细则和作者指南,发布各期的目录,提供网上检索和浏览,还实现了网上在线投稿、专家在线审稿、网上编辑出版加工等。在线审稿、组稿、编辑、加工、校对,不仅拉近了作者、审稿专家、编辑和读者的距离,还加快了编校的进程,拓宽了信息获取的途径,扩大了宣传的手段和力度。通过数字出版编辑加工系统,可以实现系统内查询新到稿件的中英文相似文献、控制一稿多投、发表文章的引文统计、引文链接等功能,提高对作者和审稿专家的服务质量和效率。2016年,《气象科学》还开通微信公众号,不到半年时间订阅量达到六千多,这不仅拓宽了读者面,也大大增强了《气象科学》的影响力。

7.4 期刊新媒体运营

以《大气科学学报》新媒体运营为例。

7.4.1 新媒体运营方式

1. 加强与各大数据库的合作

"酒香也怕巷子深"。在现有的形势下,高校学报必须加入各家大型期刊数据库,与各种检索系统积极合作,快速地将学报的内容传播出去,从而提高学报的展示度和传播力。在期刊数据库中,单篇论文海量存在,因此,无论是普通的高校学报,还是高水平的高校学报,在电子期刊数据库的搜索引擎面前,地位都是平等的。随着数字化时代的到来,绝大部分高校学报已经通过自己的网站及各个大型期刊数据库(如中国知网、万方、维普等),实现了内容的数字化传播,扩展了数字出版领域,在一定程度上提高了影响因子和知名度。单一期刊数据库的"独家出版"不利于吸引最广泛的读者,因此不利于提升高校学报的影响力。目前,国内的大型数据库平台也在不断对学术论文的数字出版模式进行探索,如中国知网已推出"手机知网"的移动客户端,提供上万种期刊、报纸的个性订阅,还可以实现各类专题知识定制、行业情报推送、文档阅读管理、文献资源快速定制等功能。科技期刊可以以此为借鉴,将已经刊发的内容进行整合,在移动终端上实现二次刊发。因此,《大气科学学报》除了在学报自己的网站上提供全文的免费下载,还注重与各种国内外文摘和期刊数据库进行合作,利用网络更好地为读者服务。

2. 有效利用开放获取

主动推介高校学报,开放获取(open access,OA)模式是不容忽视的,它有利于提高学报论文的总被引频次。在主办单位南京信息工程大学的支持下,《大气科学学报》发表的学术论文以OA形式实现了读者的免费下载,以此扩大自身的学术影响。目前,在《大气科学学报》的官方网站上,论文根据出版的时间被分为三部分:现刊、过刊和优先数字出版的论文,读者均可以进行免费阅读。这样既方便了作者和读者,也加快了论文的传播。OA的措施增加了论文的点击率和下载量,有助于扩大《大气科学学报》的知名度和影响力,在提高被引频次和影响因子等方面具有重要的现实意义。相关研究表明,当OA期刊比传统期刊处于同一影响因子水平时,OA期刊往往具有更大的发展潜力,生命力也更强。

3. 拓展传播媒介

新媒体时代高校学报必须积极采用数字技术拓展传播媒介,便于读者更方便地检索、阅读和下载学报论。2014 年《大气科学学报》推行标注论文的 DOI 编码(Digital Object Identifier,数字对象唯一标志)及《大气科学学报》的二维码,进一步拓展了《大气科学学报》的传播媒介。DOI 编码解析系统可以快速定位文章的最新网络地址;读者根据 DOI 编码可以方便地链接到《大气科学学报》网站上的免费全文;相互引用文章时,DOI 编码可以实现有效链接,由此解决了多个出版商的数据无法关联的问题,大大提高了科研成果的传播速度和传播效率。实践证明,DOI 编码可以增加读者阅读《大气科学学报》论文的概率,从而提高了《大气科学学报》的浏览量和下载量。二维码是信息数据的一把钥匙,读者通过手机等移动设备扫描《大气科学学报》的二维码,可快速进入《大气科学学报》的官网,方便读者了解期刊信息、编辑部人员信息、文章信息及征订工作等,对于拓展《大气科学学报》的内容起到了积极的作用。

4. 利用社交工具主动推送

当前,各种社交工具(电子邮件、论坛、QQ、微博、微信、期刊 App 客户端等)是数字出版大潮的弄潮儿,《大气科学学报》均有不同程度的尝试。早在 2011 年,《大气科学学报》就借助微博平台扩大读者范围。2017 年,《大气科学学报》的微信公众号也已经建立,开始在微信平台发布和推荐学报的优秀论文。同时,《大气科学学报》还利用 E－mail 实现了精准推送,点对点地向当期作者推送刊发论文的邮件,向国内外专家发送期刊目录和他们可能感兴趣领域的新近刊发的论文,从而提供及时、主动和有针对性的文献服务,扩大《大气科学学报》的受众范围,提升《大气科学学报》论文的展示度、利用率和影响力。

7.4.2　微信公众平台运营实践

微信拥有庞大的用户量和巨大的影响力。微信公众平台在转发、分享、讨论等方面互动性强,能够在短时间内极大地吸引读者的注意力。科技期刊运营微信公众平台可以塑造期刊的鲜明个性,树立独特的品牌形象,提高用户的忠诚度,增强期刊的生命力。越来越多的科技期刊重视微信公众平台与纸刊的融合、多元化运营微信公众平台、优化用户体验,期望不断增加活跃用户数量、提高用户黏度、提升期刊影响力。以下是《大气科学学报》的微信公众平台运营实践(张福颖 等,2019)。

1. 微信用户增长数据

纯学术类科技期刊微信公众平台的推广并非易事。2017 年 9 月 15 日,《大气科学学报》微信公众平台正式推送文章,并专设一名微信公众平台运营编辑。截至 2018 年 9 月 15 日,微信公众平台的用户数量增长缓慢,每天仅增加 0～5 人。用户数量少导致微信公众平台的传播优势无法发挥,难以大幅度提升期刊影响力。为此,2018 年 10—11 月,《大气科学学报》编辑部开展了微博微信联动传播交叉运营、借助学术会议集中推广微信公众平台、利用 QQ 群加力宣传及推送优质科普论文等 4 次运营实践,在用户增长方面取得了显著效果(图 7.1)。图 7.1 表明,每一次运营实践后,用户数都有较大增长,4 次运营产生了 4 次峰值。(1)微博微信联动传播交叉运营:第 1 次峰值在 10 月 19 日,增加关注用户 53 人,3 天"增粉"125 人。(2)借助学术会议集中宣传微信公众平台:第 2 次峰值在 10 月 24 日,1 天增加 73 人。(3)利用 QQ 群加力宣传:第 3 次峰值在 10 月 29 日,单日增加 146 人。(4)推送优质科普论文吸引关注,提升微信公众平台的影响:第 4 次峰值在 11 月 8 日,增加 60 人。

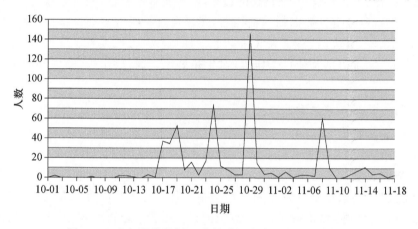

图 7.1 《大气科学学报》4 次提升用户关注度的运营实践

2. 用户增长运营方式

(1)微博微信联动传播交叉运营

微博微信联动,以微博带动微信公众平台,可以大幅度提高关注度。2018 年 10 月 17 日,《大气科学学报》编辑部在微信公众平台发表了《IPCC 全球 1.5 ℃增暖特别报告重磅发布》,随后《大气科学学报》常务副主编智协飞教授通过微博"大气铁文"转载。这篇博文先被"微博科普"(拥有 110 多万粉丝)转发,接着若干大 V 继续转发并评论,3 天内阅读量达 77 万,累计转发 635 次,评论 52 次,点赞 186 次。这次微博微信联动传播在短时间内提升了《大气科学学报》微信公众平台的关注度,关注用户由原先的 600 多人迅速增至 750 人。这次运营实践显示了微博、微信等新媒体联动传播的威力,期刊编辑部应借助新媒体的优势,推动多种新媒体平台综合运营,以获得最佳传播效果。

(2)借助学术会议集中推广微信公众平台

科技期刊编辑部应积极参加相学术会议或行业峰会,会前做好准备,会中积极宣传推广,如发放针对性强的宣传材料等,可以对科技期刊微信公众平台的宣传起到事半功倍的效果。2018 年 10 月 24 日,第 35 届中国气象学会年会在安徽合肥召开,中国气象学会既是高端的学术会议,也是大规模的行业峰会,参会人员众多(近2000 名)。与会者来自全国各地,长期在气象一线从事科研业务工作。《大气科学学报》编辑部不仅派员参加,还制作了各种形式的宣传材料,如展架、纸质宣传单、宣传笔等,并把《大气科学学报》微信公众平台的二维码打印在宣传材料的醒目位置。次日会议结束时,《大气科学学报》微信公众平台的关注用户已增至 900 多人。因此,科技期刊编辑部应积极参加重要的学术会议和行业峰会,做好宣传材料,在会议中积极推广微信公众平台,让潜在的用户对期刊产生兴趣。

(3)利用 QQ 群加力传播

建立 QQ 群可以加强科技期刊编辑部与读者、编辑部与作者、读者与作者的互动,提高科技期刊的知名度和竞争力。《大气科学学报》编辑部建立了各种 QQ 群,如编委会工作群、审稿专家 QQ 群、读者群、作者群、编校工作群等,通过 QQ 和 QQ群连接起庞大的用户群体。在前两次运营实践成功增加了大量微信公众平台的用户后,2018 年 10 月 29 日,《大气科学学报》编辑部将微信公众平台的二维码推送至各 QQ 群。当天,《大气科学学报》微信公众平台的关注人数就成功破千;随后几天,陆续增加了几十人。可见,QQ 群的传播能力不容小觑,应给予足够的重视。

(4)推送优质科普论文吸引关注

2018 年 11 月初,《大气科学学报》微信公众平台运营编辑敏锐地发现了一篇优秀的原创科普论文《走向地球系统科学》,该文由中国科学院地球环境研究所的微信公众平台于 2018 年 6 月 18 日首发。《大气科学学报》编辑部迅速与对方联系,获得转发权后,《大气科学学报》微信公众平台第一时间推送该文。推送当天(11 月 8日),该文在《大气科学学报》微信公众平台的阅读量就达 708 次,被转载 230 次;之后,《大气科学学报》微信公众平台的用户数量出现了第 4 次峰值。可见,科技期刊在微信公众平台推送优质科普论文,可以吸引不同层次用户的关注,有效扩大用户范围。

3. 用户维护运营方式

通过上述 4 次运营实践,《大气科学学报》编辑部在促进微信公众平台用户数量增长方面取得了良好效果,短时间内快速"增粉"。但是,"增粉"以后还会面临"脱粉"问题。微信公众平台的运营方式直接关系着用户黏度,如何在吸引用户关注的同时做好用户维护工作,防止用户"取关",《大气科学学报》编辑部仍在不断探索。

(1)注重细节服务

微信公众平台的内容推送与科技期刊的纸刊出版要求同样严格,每篇文章都必须校订多遍。因为读者大多通过手机屏幕阅读文章,所以微信公众平台的字号尽可能大一点。推送内容讲究图文并茂,不能出现大段纯文字描述,文字尽量简短,插图质量高,以提高读者的阅读愉悦感。标题必须有特色抓眼球,才能吸引读者。如果标题晦涩乏味,内容再好的文章也不会引起读者的兴趣,影响阅读量。《大气科学学报》编辑部在微信公众平台的标题上下足了功夫,坚持品位的同时注重趣味性,如"说了是猝不及防的冷空气,你居然不信""晴雨的秘密就藏在这些线条里!地面等压线图有故事"等等,整体阅读量不断上升。一天当中读者使用微信的时间段是有规律,要尽量把握推送微信最有价值的时刻。《大气科学学报》编辑部反复测试了不同的时间点,结果发现:在工作日,07时的访问量最大;在周末,读者反映较慢,新增读者比工作日少。因此,《大气科学学报》微信公众平台坚持在周一至周五的07时推送,形成了独特的风格。总而言之,只有注重细节点滴用心,才能感动用户,增强用户黏度,让他们长期关注《大气科学学报》微信公众平台。

(2)完善微信公众平台功能

《大气科学学报》微信公众平台刚开通时,仅实现了论文推送功能,读者只能浏览论文标题、阅读推送文章。2018年2月,《大气科学学报》编辑部改进并完善了微信公众平台菜单的功能,增加了《大气科学学报》官网(本刊首页、期刊简介、期刊荣誉)、期刊内容(当前目录、过刊浏览、往期推送)、稿件相关(征稿简则、投稿须知、作者登录、联系我们)三个栏目。读者能更快捷地关注《大气科学学报》的最新动态,投稿人也可通过微信公众平台查询稿件处理进度等相关信息。功能的进一步完善给用户带来了更便捷、更舒服的体验,用户自然愿意长期关注《大气科学学报》的微信公众平台,由此形成良性循环。

(3)微信内容与纸刊内容互补

《大气科学学报》纸刊发表的是大气科学领域具有创新性的科研成果,作为补充平台,《大气科学学报》微信公众平台不仅推送已在纸刊发表的论文。《大气科学学报》编辑部在实践中发现,微信公众平台推送与《大气科学学报》刊发内容互补的专题文章,阅读量较大,"吸粉"效果明显。《大气科学学报》刊发的论文含有大量插图,因此2018年3月19—30日,《大气科学学报》微信公众平台推出NCL绘图专题,对NCL软件绘制大气科学论文常见插图进行了系统示例。该专题共10篇文章,推出3天内,每篇文章的阅读量都超过了80次——当时《大气科学学报》微信公众平台的全部用户约为240人,因此这个阅读量相当可观。其中,"折线图篇"阅读量最高,达117次。此外,《大气科学学报》编辑部坚持制作气象事件热点专题、科普指南专题等,在《大气科学学报》微信公众平台推送相关气象科普知识,如在高温季推送避暑、防晒、度过桑拿天的小窍门,在台风季和暴雨季推送防灾减灾、防雷等科普知识,这些专题内容均受到用户的广泛关注。这样,不仅可以避免因《大气科学学报》内容过于专业和精深而导致读者面较窄的问题,还吸引了不同层次的读者,增加实用性,提高用户黏度。

　（4）坚持内容为王

　　内容是吸引用户的关键因素。实践表明，当《大气科学学报》微信公众平台推送了一篇关注热点问题的文章时，该文的阅读量和转载量就会大增，《走向地球系统科学》就是如此，因此，科技期刊编辑部必须花费大量心思在内容上做文章。《大气科学学报》微信公众平台精心打造"新刊速递"栏目，推送二次编辑的《大气科学学报》已刊论文，还设立了"论文预出版"栏目，推送"极端天气"等主题的系列文章，得到用户广泛好评。总之，微信公众平台只有在合适的时间向用户推送合适的内容，才能吸引用户；只有不断推送高质量信息，才能留住用户。

第8章 气象精品专著导向

科技精品图书是科学技术领域"思想精深、艺术精湛、制作精良"的精品力作,是指反映基础性科学研究或科学技术创新发明,或系统总结某一专业领域的技术成果,或宣传科普知识的优秀图书,在积累和传播科技成果、推动科技成果向现实生产力转化、促进科技事业发展等方面发挥着重要作用(周蓉和王嘉,2018)。紧跟国家重大科技战略、具有学科权威性、品质精良是其主要特征,精品专著的运作需要作者与编辑通力合作完成。

梳理历次中国出版政府奖、中华优秀出版物奖、国家出版基金以及国家重点出版物出版规划项目等入选图书,不难发现,精品图书不仅具有良好的社会效益和出色的经济效益,而且能够促进专业优势资源的汇聚和专业特色选题方向的形成,是推进精品力作可持续出版、培育专业特色出版品牌的可靠支撑,是出版行业"出精品、出管理、出人才、出效益"的重要推动力量。积极申报国家出版基金、国家重点出版物出版规划项目及出版领域重要奖项并延展其影响,是打造精品选题、培育专业特色出版品牌的实策良方(娄建勇,2018)。气象精品专著也不例外。

为此,气象出版社编辑团队坚持面向国家重大战略需求,发挥自身专业优势,打造多本(套)气象精品专著。以气象为生态文明建设服务选题方向精品专著的策划出版工作为例,成功运作《雾物理化学研究》入选"十二五"国家重点出版物出版规划项目,并获第六届中华优秀出版物奖图书提名奖;成功策划《城市空气污染预报》入选 2017 年国家出版基金、《空气质量和雾霾预报方法与应用》入选 2018 年国家出版基金和"十三五"国家重点出版物出版规划项目;成功策划"区域环境气象系列丛书"第一期入选 2020 年国家出版基金。本章仅从编辑的角度,基于上述四次成功实践,阐述通过导向打造气象精品专著。

8.1 气象精品专著的选题策略

8.1.1 打造气象精品专著的选题原则

成功运作气象精品专著,瞄准培育气象专业特色出版方向,主要考虑遵循以下选题原则:务必满足国家重大战略需求,这是精品选题的前提基础和先决条件;务必力邀权威专家担纲,这是高质高效完成任务、确保精品选题方向可持续的关键基础;

务必保证内容前沿原创,这是精品专著运作成功的根本保证。

(1)服务国家战略,满足发展需求:把准方向

高水平精品科技专著的出版主要依托国家科技发展战略,来源于一定时期内进行研究或攻关的科研项目和重大工程项目。国家科技发展战略是国家科技工作谋篇布局的根本出发点,准确把握这一出发点,就把握了选题的正确方向。编辑团队几次运作实践正是基于这一根本,体现国家意志,服务党和国家工作大局,依托国家生态文明建设重大战略,满足国家大气污染防治重大需求,符合国家出版基金要求。因此,我们把准方向,促成前述精品专著获得出版界至高荣誉和国家出版基金资助等,并形成良性循环,为打造专业精品出版品牌提供强有力支撑。

(2)力邀权威专家担纲,确保选题高质高效:选准作者

在遴选精品科技专著的作者时,一定要把握主要作者的权威性和影响力,作者权威是内容创新的基础和学术权威的保证。在几次实践中,主要责任作者均是气象学圈内影响力大且执行力强的知名专家,尤其在"区域环境气象系列丛书"运作实践中,基于前述积累,我们邀请中国气象局原副局长许小峰为主编、中国工程院院士丁一汇和中国科学院院士郝吉明等为副主编。专家们的权威性和号召力让"区域环境气象系列丛书"的进度和学术质量有了根本保证,全部初稿在规定时间内圆满完成,并顺利获得 2020 年国家出版基金资助。可见,编辑在工作中要特别留心专业方向作者团队的聚集和优化,储备好专业特色出版可持续发展的权威作者团队,为策划运作系列精品图书做好必要的前期准备。

(3)紧盯前沿动态,坚持科学原创:看准内容

在内容为王的时代,对于精品专著来说,内容是根本,创新性则是重中之重。前述四次实践均为总结大气污染防治气象保障工作的中国经验,反映我国大气污染治理一流学术水平的最新科技成果,阐述最新理论、技术和方法,填补空白,是具有先导意义的有益尝试,且符合国家出版基金和国家重点出版物出版规划项目的要求。立足科技前沿、具有较强原创性是专著成功入选国家出版基金和国家重点出版物出版规划项目的基础。因此,在运作实践中,气象专业编辑应紧盯气象科研前沿,全方位了解相关领域科研状况,及时跟踪科研进展动态,收集梳理创新性科研成果,确保选题内容的原创性和前沿性,提升选题品质和特色,为更好培育专业特色选题方向提供关键保障。

8.1.2　培育气象专业特色出版的选题策略

遵循三大选题原则,从开拓选题到延展选题再到深度延伸选题,逐渐形成专业特色出版方向,基本完整呈现培育专业特色出版的选题策略。编辑团队将此选题策略归纳总结为三步递进式,即:第一步,发挥专业特长、切入专业领域,开拓选题方向;第二步,深度挖掘专业资源、巩固专业领域优势,筑牢选题方向;第三步,充分调

动并汇聚专业资源、倾心培育专业领域特色,形成选题方向。图 8.1 给出培育专业特色出版的运作路径。

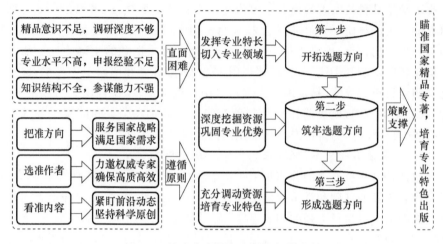

图 8.1　培育专业特色出版的运作路径

(1)发挥专业特长,切入专业领域:开拓选题方向

培育专业特色出版并非易事,但充分发挥自身的专业特长是编辑快速切入专业领域的一条捷径。精品专著的运作初期,编辑应充分利用自身专业优势,强化精品意识,瞄准国家战略,加强深度调研,找准切入专业领域的突破口,积极运作专业特色图书出版,为开拓精品专著的选题方向奠定基础。

发挥自身专业优势,编辑可借鉴同行打造精品专著的成功经验,从自身专业背景出发,从熟悉的专业领域着手,分析与专业领域密切相关的国家重大战略需求、学科科研发展动态及专业发展需求,以及有哪些熟悉的权威作者能"为我所用",其研究成果的创新性又如何,基于此为开拓精品选题做好准备。《雾物理化学研究》的运作实践就是这样开始的。作为一名具有大气科学专业背景的编辑,专业背景与国家生态文明建设战略密切相关,且求学期间深入参与《雾物理化学研究》作者团队的科研工作,深知这一成果的创新性和前沿性,因此,编辑抓住机会、果断决策,促成《雾物理化学研究》成功运作,专著的出版发行反响良好。实践表明,开辟气象为生态文明建设服务的精品专著选题方向是正确可行的;发挥专业特长对打造精品专著具有重要作用,可为瞄准国家精品专著、培育专业特色出版品牌打下基础;编辑应充分发挥自身专业优势,积极运作专业特色图书出版,开拓精品选题方向。

(2)深度挖掘资源,巩固专业优势:筑牢选题方向

在成功切入专业领域、确定专业特色选题方向、初尝精品专著"甜头"的基础上,气象图书编辑应秉承"打造精品"的理念,及时总结成功经验,趁热打铁,延展精品专著的影响,深度挖掘原创性专业资源,制定详细的选题发展规划和完美的选题策划

方案,把最新科研成果拉到出版的轨道上来,巩固专业领域优势,筑牢精品选题方向。

筑牢精品选题方向,气象图书编辑首先应围绕专业方向加强深度调研,充分调研国家重大战略需求和科技专业需求,研究专业优势领域的最新科技进展与突破,遴选执行力强的权威作者,为继续开拓选题做好前期准备;其次应不断加强专业知识学习,提高自身专业水平和申请书撰写水平,丰富申报经验,提升国家出版基金和相关项目的申中率,实现专业优势领域选题的延续与拓展。比如,编辑团队基于以上经验,结合实际情况,进一步将选题集中在契合国家生态文明建设重大战略、切中大气污染防治攻坚战的科技需求上,特邀专业领域资深专家担纲,总结我国城市空气污染预报和雾霾预报的最新科技成果,促使《城市空气污染预报》《空气质量和雾霾预报方法与应用》成功申中国家出版基金和国家重点出版物出版规划项目,使精品专著再次成功运作。这两次成功实践使初具环境气象特色的专业领域得到巩固和拓展,实现了气象为生态文明建设服务选题的厚植和延续,筑牢了气象为生态文明建设服务精品选题方向。同时证明,深度挖掘资源、巩固专业优势,能够筑牢选题方向,让专业特色选题更加充实丰富,实现精品专著的深度延展,为专业特色出版方向的塑造奠定基础。

(3)充分调动资源,培育专业特色;形成选题方向

国家出版基金是出版行业发展的一个重要风向标,除了可以缓解出版资金的压力外,更是对图书的科学价值和社会效益的权威肯定。成功获得国家出版基金资助,不仅能收获精品选题,而且能收获作者青睐,并由此产生吸附优质资源的“磁场”效应,专业优秀作者不断集聚,专业优秀作品不断汇聚。气象图书编辑应及时梳理实践成果,总结实践经验,绷紧“打造精品”这根弦,充分整合优势资源,加强精品选题策划和规划,储备好选题内容,培育专业特色出版品牌并实现可持续发展,助力专业特色选题方向的形成。

面对国家出版基金这一利好政策,气象图书编辑一是应深度分析国家战略需求、科技应用需求和读者需求,以需求为导向,扩大专业领域选题范围;二是应整合优秀作者资源,使其产生合力,组建由院士等权威专家担纲的高水平编委会,统筹运作,扩大专业特色出版品牌影响力;三是应细分优质内容资源,覆盖学科发展的最新理论、方法和技术,三维立体展现学科发展的最新成果,强化专业内容资源优势;四是应发挥编辑团队的作用,多措并举,发挥好“作者的好帮手”的作用,专业指导作者完成写作,从源头上有力保证精品专著的系统性、专业性、规范性和风格一致性,提高精品丛书的出版效率。“区域环境气象系列丛书”就是在此基础上产生的,该丛书践行习近平生态文明思想,诞生在实施《打赢蓝天保卫战三年行动计划》的关键时期。该丛书第一期(后续选题拓展正在实施中)已申中 2020 年国家出版基金,更为重要的是基于这次实践,组建了一支高水平的作者团队,整合了优质内容资源,为专业特色出版的可持续发展打下了坚实基础,培育并形成了气

象为生态文明建设服务的专业特色出版方向。这次实践表明：面对优质资源，气象图书编辑要善于将其延续和提升，抓住闪光点，顺势而动、乘势而为，采取多种有效举措，淋漓尽致地展现专业特色，只有这样才能更好地培育专业特色出版品牌并实现可持续发展。

8.2 图书出版领域主要奖项

8.2.1 国家科学技术进步奖

国家科学技术进步奖主要授予在技术研究、技术开发、技术创新、推广应用先进科学技术成果、促进高新技术产业化，以及完成重大科学技术工程、计划等过程中做出创造性贡献的中国公民和组织。国家科学技术进步奖为国家科学技术奖项之一，分为一等奖、二等奖2个等级，每年评审一次。国家科学技术进步奖授予在应用推广先进科学技术成果，完成重大科学技术工程、计划、项目等方面，做出突出贡献的下列公民、组织：

（1）在实施技术开发项目中，完成重大科学技术创新、科学技术成果转化，创造显著经济效益的；

（2）在实施社会公益项目中，长期从事科学技术基础性工作和社会公益性科学技术事业，经过实践检验，创造显著社会效益的；

（3）在实施国家安全项目中，为推进国防现代化建设、保障国家安全做出重大科学技术贡献的；

（4）在实施重大工程项目中，保障工程达到国际先进水平的。

其中第（4）重大工程类项目的国家科学技术进步奖仅授予组织。

2004年，科技部颁布《关于修改〈国家科学技术奖励条例实施细则〉的决定》，将科普创作精品列入国家科技进步奖的评选范围并给予奖励。2005年，国家科技奖励办公室首次开展了科普著作类项目的受理和评审工作，共受理了44项科普著作类项目，其中获二等奖的7部科普作品均为科普图书。据统计，2005—2016年获得"国家科技进步奖"的科普图书共有39部（李叶等，2016），平均每年有3部。如气象出版社策划出版的"全球变化热门话题丛书"荣获了2005年度国家科学技术进步奖二等奖；《防雷避险手册》及《防雷避险常识》挂图荣获了2011年度国家科学技术进步奖二等奖（吴晓鹏，2012）。

8.2.2 中国出版政府奖

中国出版政府奖是我国新闻出版领域的最高奖，每三年评选一次，旨在表彰和奖励国内新闻出版业优秀出版物、出版单位和个人。该奖项是2005年出台《全国性文艺新闻出版评奖管理办法》后开始施行,至 2020 年,已评选 5 届。奖励范围为:由国家新闻出版行政管理部门批准成立的新闻出版单位正式出版并公开发行的图书、音像制品、电子出版物、网络出版物;经印刷复制质检部门检测的优质印刷、复制品。由国家新闻出版行政管理部门批准成立的图书、期刊、报纸、音像、电子及网络出版单位,印刷、复制企业,发行企业,版权机构,新闻出版行政管理部门及其他新闻出版企事业单位中做出突出成绩的先进单位和优秀人物。中国出版政府奖中分量最重的图书奖获奖名单是从近 3 年出版的 70 多万种图书中遴选推荐,经过严格的评审后脱颖而出的,是思想精深、艺术精湛、制作精良的精品力作的典范,代表了当前我国出版发展的最高水平。

中国出版政府奖设 6 个子项,奖励数额共计 200 个。提名奖若干。

(1)图书奖数额 60 个;

(2)音像制品、电子出版物、网络出版物奖数额 20 个;

(3)毕昇优质印刷复制奖(简称毕昇奖,下同)数额 10 个;

(4)装帧设计奖数额 10 个;

(5)先进出版单位奖数额 50 个;

(6)优秀出版人物奖数额 50 个。

参评出版物必须出版一年以上,质量优秀,符合中国出版政府奖的设立宗旨,并具备以下条件之一:

(1)内容健康向上,对于传播、积累科学技术和文化知识,促进经济发展和社会进步有较大贡献;

(2)社会效益显著,在本学科领域、本行业或在全国有较大影响,具有较高的知名度和品牌效应;

(3)深受读者喜爱,有一定的市场占有量;

(4)具有重要思想价值、科学价值或者文化艺术价值;

(5)获奖的印刷、复制品应代表我国印刷复制技术最高水平;

(6)装帧设计新颖、美观、有创意,代表装帧艺术先进水平。

8.2.3　中华优秀出版物奖

中华优秀出版物奖是由中国出版工作者协会主办的出版物奖,设"图书奖""音像、电子和游戏出版物奖""优秀出版科研论文奖"三个子项奖,奖励数额共计 160 个。其中,"图书奖"获奖数额 50 个,"音像、电子和游戏出版物奖"获奖数额 50 个,"优秀出版科研论文奖"获奖数额 60 个。提名奖若干。"中华优秀出版物奖"每两年评选一次,三个子项奖同时评出,同时颁奖。首届"中华优秀出版物奖"于 2006 年举办。至 2020 年,该出版物奖已举办 7 届。

参评中华优秀出版物奖图书奖的图书,应具备以下条件(以第七届为例)。

（1）导向正确，对宣传马列主义、毛泽东思想、邓小平理论、"三个代表"重要思想、科学发展观、习近平新时代中国特色社会主义思想和党的十九大精神有重要作用；

（2）对建设社会主义核心价值体系和核心价值观，传承、弘扬中华民族优秀文化有重要作用；

（3）具有重要思想价值、科学价值或文化价值；

（4）具有较大社会影响，体现了良好的导向作用；

（5）内容及形式上具有创新性、前瞻性，填补学科领域空白；

（6）符合"三贴近"要求，有较大的发行量，产生了良好的社会效益和经济效益；

（7）扩大中华文化影响，图书走出去取得明显成效；

（8）反映中华文化的引进版图书对传播和积累一切有益于提高民族素质、有益于经济发展和社会进步的先进文化成效显著；

（9）差错率不超过万分之一，装帧设计精美，印刷精良。

8.3　主要科技著作出版基金资助项目

8.3.1　国家出版基金

国家出版基金设立于 2007 年，是继国家自然科学基金、国家社会科学基金之后的第三大国家设立的基金。国家出版基金由国家出版基金管理委员会负责管理。国家出版基金是出版行业发展的一个重要风向标，除了可以缓解出版资金的压力外，更是对图书的科学价值和社会效益的权威肯定，有力地促进了精品出版和文化繁荣，成为出版行业"出精品、出管理、出人才、出效益"的重要推动力量。以第四届中国出版政府奖获奖名单中国家出版基金项目的统计结果为例说明（娄建勇，2018），在 57 种图书奖正式奖名单中，有 34 种是国家出版基金资助项目成果，占比达 59.6%；在 117 种图书奖提名奖名单中，有 63 种是国家出版基金资助项目成果，占比达 53.8%；两项合计 97 种，占到图书奖总数的 55.7%。国家出版基金资助项目成果在中国出版政府奖中的高比例，充分体现了国家出版基金的资助水平，突出反映了国家出版基金在推动精品出版方面取得的重大成绩。

2007—2018 年，国家出版基金累计资助金额 43.2 亿元，基金规模从最初的每年 2 亿元增加到现在的每年 6.1 亿元，有力支持了出版事业的创新发展和优秀文化的传播推广；共资助了 4100 多个优秀出版项目，覆盖全国 31 个省（区、市）的 580 多家出版单位，已有近 3000 个项目推出了成果，500 多项成果获得精神文明建设"五个一工程"奖、中国出版政府奖等国家级奖项（杜羽，2018）。以 2020 年为例，共有来自全国 350 家出版单位的 633 个出版项目获得 2020 年度国家出版基金资助。占参评项目的 40.4％,资助项目数量比去年减少 127 个,资助项目占比较上年降低了 15.4％,获资助"门槛"进一步提高,较好体现了优中选精的要求。

国家出版基金由出版社进行申报,申报项目应当符合以下条件(以 2020 年度国家出版基金项目申报为例):

(1)坚持正确导向。国家出版基金资助的项目必须坚持马克思主义立场、观点、方法,符合社会主义先进文化前进方向,体现中华文化精髓;坚持以人民为中心的创作导向,反映中国人审美追求、传播当代中国价值观念。对于导向存在问题的项目,不予资助。

(2)代表国家水平。国家出版基金着力扶持精品力作出版,资助项目须充分体现我国出版业发展水准,代表我国哲学社会科学、文学艺术、自然科学和工程技术发展水平。列入国家重点出版物出版规划的出版项目可优先申报。

(3)体现创新创造。国家出版基金重点资助原创性、思想性、学术性较强并具有重要社会价值、文化价值、科学价值和出版价值的项目。文献资料集成、个人文集类等项目从严把握。

申报项目成稿率要求:

(1)图书项目原则上须提供不少于 60％的书稿,辞书类项目提供不少于 40％的书稿。

(2)音像电子和数字出版项目应当提供完整的作品策划方案和能够据以判断项目总体质量的样片或演示版本。

8.3.2　国家科学技术学术著作出版基金

国家科学技术学术著作出版基金是专项用于资助自然科学和技术科学方面优秀的和重要的学术著作的出版,由国家科学技术学术著作出版基金委员会管理。其目的是树立起国家级科技学术著作出版基金品牌和资助出版优秀科技学术专著。2008—2018 年,国家科学技术学术著作出版基金项目大体趋势是国家科学技术学术著作出版基金项目数逐年递增(金蕾,2019)。

国家科学技术学术著作出版基金资助在我国国内出版的自然科学领域基础研究和应用技术研究活动产出的优秀学术著作,学术著作出版基金资助范围包括:

(1)学术专著:作者在某一学科领域内从事多年系统深入的研究,撰写的在理论上具有创新或实验上有重大发现的学术著作。

(2)基础理论著作:作者在某一学科领域基础理论方面从事多年深入探索研究,借鉴国内外已有资料和前人成果,经过分析论证,撰写的具有理论创新的,对科学发展或培养科技人才有重要作用的系统性理论著作。

(3)应用技术著作:作者把已有科学理论应用于生产实践的先进技术和经验,撰写的能促进产业进步并给社会带来较大经济效益的著作。

8.4　国家重点出版物出版规划项目

国家重点出版物出版规划项目体现国家意志,代表国家学术研究和出版水平,鼓励创新,重点支持、推荐原创作品,对促进精品力作的出版,提高出版物的整体质量,推动出版业的繁荣发展,满足人民群众的精神文化需求,增强中华文化软实力,建设社会主义文化强国,都具有重要的意义。国家重点出版物出版规划项目一般以五年计划为周期进行申报。在五年计划前一年申报,之后可进行增补。2015 年 11 月,经过专家论证,共从符合申报条件的 6034 个项目中初步遴选出 2000 种左右"十三五"国家重点出版物出版规划项目。"十三五"期间,出版规划还将根据情况逐年增补,推出 3000 种左右重点出版物,在结构上由社会科学与人文科学、自然科学与工程技术、子规划三大部分组成(刘蓓蓓,2015)。

据统计,"十二五"时期国家重点出版物出版规划共列入项目 3069 个,截至 2015 年,全部完成和部分完成的项目共 2732 个,占比 90%。其中,190 个项目获中国出版政府奖、"五个一工程"奖、中华优秀出版物奖等国家级出版奖项;219 个项目获全国性优秀出版物推荐;637 个项目获国家出版基金、国家哲学社会科学基金支持或科技重大专项等国家立项,其中 592 个项目获得国家出版基金资助。这些充分体现了国家重点出版物出版规划项目在推出精品项目成果中的重要作用。

参考文献

柏晶瑜,2012. 科技论文中表格加工的几个问题[J]. 编辑之友(12):91-92.

曹会聪,朱立禄,王琳,2015. 地理学期刊地图插图的编辑加工[J]. 编辑学报,27(6):540-542.

陈爱萍,赵惠祥,余溢文,等,2015. 科技论文插图的可读性编辑加工[J]. 编辑学报,27(4):348-350.

陈斐,姚树峰,徐敏,2015. 学术论文摘要写作常见问题剖析[J]. 编辑之友(9):77-80.

陈宏宇,郝丽芳,2010. 生物类科技论文英文题名撰写常见问题[J]. 编辑学报,22(S1):67-69.

陈建龙,朱强,张俊娥,等,2018. 中文核心期刊要目总览(2017年版)[M]. 北京:北京大学出版社.

陈军,2004. 科技论文引言的撰写要求及实例[J]. 青海大学学报(自然科学版),22(4):101-102.

陈沙沙,刘春平,2008. 关于学术期刊论文基金项目著录的编辑问题[J]. 编辑学报,2008(03):231-232.

陈雯兰,2015. 论科技论文插图的规范化与编辑角色[J]. 编辑学报,27(5):441-442.

陈先军,2018. 科技期刊论文的图表审读处理方法探讨[J]. 编辑学报,30(3):267.

邓建元,2003. 科技论文引言的内容与形式[J]. 编辑学报,15(5):347-348.

杜秀杰,赵大良,2018. 学术论文语言表达范式分析[J]. 编辑学报,30(3):260-263.

杜羽,2018. 国家出版基金支持精品力作投入超四十三亿元[N]. 光明日报,2018-12-17(11).

董娅,2010. 编辑工作中的若干著作权问题研究[J]. 电子知识产权(3):51-53.

国家技术监督局,1992. 科学技术期刊编排格式:GB/T 3179—1992[S]. 北京:中国标准出版社.

国家新闻出版广电总局出版专业资格考试办公室,2015a. 出版专业基础[M]. 北京:商务印书馆.

国家新闻出版广电总局出版专业资格考试办公室,2015b. 出版专业实务[M]. 北京:商务印书馆.

郭建顺,张学东,沈晓峰,等,2006. 科技期刊论文基金项目表达形式的规范化[J]. 编辑学报,18(6):422-423.

郭锦文,1993. 谈科技图书的书名[J]. 科技与出版,1993(5):18-20.

黄春霞,杨伯勋,2014. 著作权保护和使用研究——兼谈图书出版合同[J]. 中国出版(23):28-30.

黄小英,张连阳,何海燕,2013.《创伤外科杂志》中文摘要常见问题分析[J]. 中国科技期刊研究,24(3):515-517.

金丹,王华菊,李洁,等,2014. 从《EI》收录谈科技论文英文摘要的规范化写作[J]. 编辑学报,26(S1):118-120.

金蕾,2019. 近10年(2008—2018年)国家科学技术学术著作出版基金项目情况分析[J]. 科技传播(11):188-190.

金伟,乔桢,2016. 科技书刊中外国人名的规范表达[J]. 辽宁师范大学学报(自然科学版),2016,39(04):534-538.

李道文,1984. 科技论文评价初探[J]. 武汉工学院学报(4):85-92.

李东,2013. 几个非常见错误表格的修改实例[J]. 编辑学报,25(5):437-439.

李洁,陈竹,金丹,等,2019. 科技期刊论文表格编辑加工常见问题分析[J]. 编辑学报,31(S2):71-73.

李胜,2015. 科技期刊论文"引言"的编修[J]. 编辑学报,27(6):550-551.

李小冰,2012. 论科技论文表格的规范制作[J]. 应用写作(2):31-33.

李晓文,刘士新,2013. 试谈题名检索点的规范著录[J]. 图书馆(6):109-110.

李学军,2015. 科技论文表格应注意可读性:表格改造2例[J]. 编辑学报,27(6):547-548.

李亚新,1996. 中国人名汉语拼音拼写方式中的一些问题[J]. 中国科技期刊研究,7(04):38.

李叶,马俊锋,高宏斌,2016. 我国科普图书评奖活动存在的问题及其对策[J]. 出版发行研究(2):27-31.

刘蓓蓓,2015. "十三五"国家重点出版物出版规划项目论证会在京召开[N]. 中国新闻出版广电报,2015-11-12(23).

刘长英,1994. 学报论文中表格的编辑加工[J]. 哈尔滨理工大学学报(4):113-116.

刘建,2015. 数字传播视野下学术期刊著作权保护问题探析[J]. 中国出版(17):32-34.

刘丽萍,刘春丽,2019. 高影响力国际医学期刊署名规范调研与启示[J]. 中国科技期刊研究,30(4):349-357.

刘小杰,李天恒,2005. 科技论文结论部分编写格式探讨[J]. 中国科技期刊研究,16(5):752-753.

刘筱敏,张建勇,2009. 数字资源获取对科学研究的影响——电子期刊全文下载与引用分析[J]. 文献资源建设(1):60-63.

娄建勇,2018. 国家出版基金:精品出版的重要推动力量——从第四届中国出版政府奖获奖名单谈起[J]. 科技与出版,37(4):41-46.

骆瑾,王昕,2019. 科技论文表格编辑优化五要素[J]. 出版广角(6):55-57.

马奋华,倪东鸿,王小曼,等.2005. 三线表设计中栏目设置的探讨[J]. 中国科技期刊研究,16(6):929.

马倩,2010. 编辑应重视论文摘要的写作与规范[J]. 西北民族大学学报(哲学社会科学版)(6):102-105.

马迎杰,赛树奇,亓国,等,2015. 科技论文表格中常见信息重复问题的编辑加工[J]. 编辑学报,27(03):244-246.

毛星,李艳娜,董里,2016. 科技期刊中外国人名的规范化[J]. 天津科技,43(12):88-90.

倪东鸿,2002. 大气科学论著中如何规范表达温度等量的符号[J]. 编辑学报(5):354-355.

倪东鸿,马奋华,王小曼,等,2006. 正确绘制科技论文中有中国地图的插图[J]. 中国科技期刊研究,17(5):844-844.

倪东鸿,毛善锋,田敬生,2007. 正确撰写科技论文插图的图题[J]. 气象与减灾研究,30(4):69-72.

钮凯福,2018. 参考文献著录问题分析与对策——以数学类期刊为例[J]. 出版科学,26(05):34-38.

潘魏伟,田敬生,张福颖,等,2016a. 9种大气科学更名期刊评价指标的统计分析[J]. 气象与减灾研究,39(2):145-154.

潘魏伟,田敬生,张福颖,等,2016b. 49种大气科学类期刊创刊及更名情况分析[J]. 气象与减灾研究,39(3):303-308.

彭桃英,许宇鹏,2011. 学术论文标题提炼方法探讨[J]. 应用写作(4):32-33.

秦中悦,2016. 研究生作者与学报编辑的良性关系解析[J]. 编辑学报,28(4):376-378.

屈李纯,霍振响,2019. 科技论文关键词"不关键"原因探析[J]. 编辑学报,31(5):516-519.

全国科学技术名词审定委员会,2009. 大气科学名词[M]. 3 版. 北京:科学出版社.

全国信息与文献标准化技术委员会,2005. 文后参考文献著录规则:GB/T 7714—2005[S]. 北京:
   中国标准出版社.

全国信息与文献标准化技术委员会,2015. 信息与文献参考文献著录规则:GB/T 7714—2015[S].
   北京:中国标准出版社.

饶华英,2006. 科技论文关键词的标引[J]. 武汉科技大学学报(社会科学版),8(5):79-87.

孙燕,张福颖,潘菁菁,2017. 对科技精品期刊建设的思考——以《气象科学》为例[J]. 新闻研究导
   刊,2017(20):253,272.

唐汉民,1999. 量和单位的正确使用[J]. 广西大学学报(自然科学版),24(3):167-170.

田新华,2003. 论学术论文的撰写[J]. 山东理工大学学报(社会科学版),19(5):97-99.

王华菊,金丹,陈竹,等,2014. 科技论文参考文献著录的常见错误分析[J]. 编辑学报,26(S1):
   112-113.

汪继祥,2010. 科学出版社作者编辑手册[M]. 北京:科学出版社.

王娇,李世秋,蔡斐,2017. 从科技论文的评审及检索谈题名的撰写[J]. 编辑学报,29(S1):30-31.

王劲松,2004. 科技论文中常见标点符号的正确使用[J]. 齐齐哈尔医学院学报,25(11):
   1335-1336.

王丽恩,王继红,邓群,2015. 学术期刊中 5 种不规范、不自明表格的实证研究[J]. 科技与出版(2):
   58-61.

王平,2006. 科技论文结论的内涵与表述形式[J]. 编辑学报(3):181-182.

王艳丽,王新频,蔡成军,2013. 科技期刊插图易出现的一些问题及编辑[J]. 编辑学报,25(S1):
   24-26.

王亚秋,陈峰,李雪莲,等,2011. 科技论文摘要的编辑加工方法[J]. 编辑学报,23(2):130-131.

王艳梅,孙芳,2018. 科技期刊编辑加工的质量控制[J]. 编辑学报,30(S1):57-58.

王艳梅,张欣蕚,2018. 材料类科技论文插图编辑的常见问题与建议[J]. 编辑学报,30(S1):61-62.

王晓华,闫其涛,程智强,等,2010. 科技论文中文摘要写作要点分析[J]. 编辑学报,22(S1):53-55.

韦吉锋,2008. 学术论文摘要编写存在的主要问题与对策[J]. 广西大学学报(哲学社会科学版),
   30(6):136-139.

魏新,2018. 学术期刊微信公众号著作权问题探析[J]. 中国出版(3):51-55.

韦轶,刘韬,海治,2019. 科技论文中插图后期处理的 3 类情况及技巧[J]. 编辑学报,31(3):
   277-278.

吴江洪,2012. 科技期刊中层次标题序号编排的规范化问题[J]. 科技与出版,(4):43-45.

吴平,2019. 学术出版的价值与意义[J]. 出版科学,27(6):5-8.

吴晓鹏,2012. 科普图书策划 社会效益为重——防雷科普图书荣获国家科学技术进步奖二等奖
   的启示[J]. 科技与出版(3):28-29.

肖宏,2019.中国学术期刊影响因子年报(自然科学与工程技术)[R].北京:《中国学术期刊(光盘版)》电子杂志有限公司.

熊炽,朱毅帆,2020.少儿主题出版的意义与实践初探[J].出版广角(3):9-11.

闫聪,2011.科技论文摘要、绪论和结论编写的异同性阐释[J].科技与出版(08):54-55.

杨海文,2010.文科学术论文摘要的正确写法[J].中国编辑(2):49-52.

杨开宇,2003.科技论文中插图的绘制[J].内蒙古大学学报(自然科学版),34(6):718-720.

叶庆娜,2018."嫁女"与"选媳":学术期刊编辑与作者互动关系新论[J].河南师范大学学报(哲学社会科学版),45(5):152-156.

姚巍,朱金才,2003.关于摘要、引言及结尾写法的思考[C].学报编辑论丛(第11集).上海:上海大学出版社.

颜廷梅,任延刚,刘瑾,等,2010.医学研究型论文题名三要素应用不当分析[J].中国科技期刊研究,21(6):890-891.

严真,2011.期刊的若干著作权问题分析[J].图书馆(1):103-104.

姚承嵘,2012.学术专著的价值与形态[J].应用写作(2):1.

益西巴珍,李晓萍,2015.医学学术期刊论文题名的可读性探讨[J].西藏医药,36(1):81-84.

袁小群,蒋欢,2020.知识服务中的著作权问题研究[J].科技与出版(2):91-95.

赵庆,2013.地质科技论文中语言文字表达的几个要求[J].地质找矿论丛,28(3):493-498.

张丛,赵歌,张园,2019.五环节构建学术期刊编辑与作者的和谐关系[J].科技与出版(11):129-133.

张凤,周望舒,2009.中文科技论文摘要的常见问题及修改对策[J].中国科技期刊研究,20(4):744-745.

张福颖,倪东鸿,2018.正确表示科技论文中的经纬度[J].编辑学报,30(06):645.

张福颖,倪东鸿,2019.科技论文中图表编辑加工的8类情形[J].编辑学报,31(4):391-394.

张福颖,倪东鸿,沈丹,2019.基于用户增长的科技期刊微信公众平台运营实践——以《大气科学学报》为例[J].编辑学报,31(5):542-544.

张福颖,刘菲,徐金龙,等,2013.正确绘制科技论文中中国地图的南海诸岛附图[J].气象科学,33(6):653-655.

张天定,2010.编辑加工的著作权问题探讨[J].编辑之友(11):109-110.

张维,汪勤俭,邓强庭,等,2017.医学论文作者单位署名不当现象的调查分析及伦理规范探讨[J].中国科技期刊研究,28(04):306-311.

张小强,张苹,2009.学术期刊开放式访问中的著作权问题及其对策[J].编辑学报,21(1):17-19.

张秀平,2015.科技论文关键词存在问题的探讨[J].编辑学报,27(S1):32-33.

郑进保,陈浩元,1996.科技书刊应按新标准使用数学符号[J].编辑学报,8(3):159-162.

中国国家标准化管理委员会,1987.科学技术报告、学位:论文和学术论文的编写格式:GB/T 7713—87[S].北京:中国标准出版社.

中国国家标准化管理委员会,1994.量和单位:GB 3100-3102—93[S].北京:中国标准出版社.

中国国家标准化管理委员会,中华人民共和国的国家质量监督检验检疫总局,2011.国家标准出版物上数字用法:GB/T 15835—2011[S].北京:中国标准出版社.

中国气象百科全书总编委会,2016. 中国气象百科全书(6卷)[M]. 北京:气象出版社.

周白瑜,李佳蔚,段春波,等,2020. 科研论文作者署名及排序的几点思考[J]. 科技与出版(2):106-110.

周蓉,王嘉,2018. 科技类精品图书的特征及出版的有效机制[J]. 出版科学,26(2):36-38.

周诗健,王存忠,俞卫平,2012. 英汉汉英大气科学词汇[M]. 北京:气象出版社.

周志超,2018. 中文图情期刊摘要的核心要素与逻辑结构分析[J]. 情报科学,36(3):8-12.

朱大明,2010. 科技期刊论文中的"致谢"内容应适当具体[J]. 中国科技期刊研究,21(3):384-385.

朱大明,2017. 关于学术期刊对同行专家审稿致谢的探讨[J]. 编辑学报,29(3):252-254.

朱德培,陈珺,2006. 谈论文中"致谢"的意义及撰写要求[J]. 中国科技期刊研究,17(5):852-853.

朱丽娜,于荣利,2019. 中国学术期刊论文作者署名的现状和思考——以农业类期刊为例[J]. 编辑学报,31(S2):53-55.

朱兴红,2008. 科技论文中量和单位的正确使用[J]. 西北民族大学学报(自然科学版),29(3):91-94.

宗淑萍,2011. 科技论文引言中常见问题及写作技巧探讨[J]. 河北农业大学学报(农林教育版),13(1):105-107.

附录 A　校对符号 *

表 A.1　校对符号及用法示例

编号	符号形态	符号作用	符号在文中和页边用法示例	说明
一、字符的改动				
1		改正	增高出版物质量。　　提　　改革开放　　放	改正的字符较多，圈起来有困难时，可用线在页边画清改正的范围　必须更换的损、坏、污字也用改正符号画出
2		删除	提高出版物物质质量。	
3		增补	要搞好校工作。　　对	增补的字符较多，圈起来有困难时，可用线在页边画清增补的范围
4		改正上下角	$16=4^2$　　2　　H_2SO_4　　4　　尼古拉·费欣　　$0.25+0.25=0.5$　　举例：$2\times3=6$　　$X:Y=1:2$	
二、字符方向位置的移动				
5		转正	字符颠倒要转正。	
6		对调	认真经验总结。　　认真验结经总。	用于相邻的字词　用于隔开的字词
7		接排	要重视校对工作，　提高出版物质量。	
8		另起段	完成了任务。明年……	

---

* 引自《作者编辑常用标准及规范(第四版)》

续表

编号	符号形态	符号作用	符号在文中和页边用法示例	说明
9		转移	校对工作,提高出 版物质量要重视。 "。以上引文均见中文新版《 列宁全集》。 编者　年　月 …… 各位编委:	用于行间附近的转移 用于相邻行首末衔接字符的 推移 用于相邻页首末衔接行段的 推移
10	或	上下移		字符上移到缺口左右水平 线处 字符下移到箭头所指的短 线处
11	或	左右移	━━要重视校对工 作,提高出版物质量。 3 4　5 6　5 欢呼　歌　唱	字符左移到箭头所指的短 线处 字符左移到缺口上下垂直 线处 符号画得太小时,要在页边 重标
12		排齐	校对工作非常重要。 必须提高印刷 | 国 质量,缩短印制周 | 家 期。 标 准	
13		排阶梯形	RH₂	
14		正图		符号横线表示水平位置,竖 线表示垂直位置,箭头表示 上方

编号	符号形态	符号作用	符号在文中和页边用法示例	说明
三、字符间空距的改动				
15	∨ ＞	加大空距	一、校对程序 校对胶印读物、影印书刊的注意事项：	表示在一定范围内适当加大空距 横式文字画在字头和行头之间
16	∧ ＜	减小空距	二、校对程 序 校对胶印读物、影印书刊的注意事项：	表示不空或在一定范围内适当减小空距 横式文字画在字头和行头之间
17	♯ ♯̶ ♯̳ ♯̿	空 1 字距 空 1/2 字距 空 1/3 空距 空 1/4 字距	第一章校对职责和方法 1. 责任校对	多个空距相同的,可用引线连出,只标示一个符号
18	Y	分开	Goodmorning！	用于外文
19	△	保留	认真搞好校对工作。	除在原删除的字符下画△外,并在原删除符号上画两竖线
20	○ ＝	代替	蓝色的程度不同,从淡蓝色到深蓝色具有多种层次,如天蓝色、湖蓝色、海蓝色、宝蓝色…… ○＝蓝	同页内有两个或多个相同的字会需要改正的,可用符号代替,并在页边注明
21	○○○	说明	改黑体 第一章 校对的职责	说明或指令性文字不要圈起来,在其字下画圈,表示不作为改正的文字。如说明文字较多时,可在首末各三字下面圈

附录 B 国内外主要气象期刊 *

1. 国内主要气象期刊

刊　名	英文刊名	主办单位
暴雨灾害	Torrential Rain and Disasters	中国气象局武汉暴雨研究所
大气和海洋科学快报(英文版)	Atmospheric and Oceanic Science Letters	中国科学院大气物理研究所
大气科学	Chinese Journal of Atmospheric Sciences	中国科学院大气物理研究所
大气科学进展(英文版)	Advances in Atmospheric Sciences	中国科学院大气物理研究所
大气科学学报	Transactions of Atmospheric Sciences	南京信息工程大学
高原气象	Plateau Meteorology	中国科学院寒区旱区环境与工程研究所
高原山地气象研究	Plateau and Mountain Meteorology Research	中国气象局成都高原气象研究所
干旱气象	Journal of Arid Meteorology	中国气象局兰州干旱气象研究所 中国气象学会干旱气象学委员会
贵州气象	Journal of Guizhou Meteorology	贵州省山地环境气候研究所 贵州省气象学会
科学通报(英文版)	Chinese Science Bulletin	中国科学院
内蒙古气象	Meteorology Journal of Inner Mongolia	内蒙古自治区气象局 内蒙古自治区气象学会
气候变化研究进展	Advances in Climate Change Research	国家气候中心
气候变化研究进展(英文版)	Advances in Climate Change Research	国家气候中心
气候与环境研究	Climatic and Environmental Research	中国科学院大气物理研究所
气象	Meteorological Monthly	国家气象中心
气象科技	Meteorological Science and Technology	中国气象局气象探测中心等
气象科技进展	Advances in Meteorological Sciences and Technology	中国气象局气象干部培训学院
气象科学	Journal of the Meteorological Sciences	江苏省气象学会
气象学报	Acta Meteorologic Sinica	中国气象学会

---

* 引自《中国气象百科全书·气象科学基础卷》

刊　　名	英文刊名	主办单位
气象学报(英文版)	Journal of Meteorological Research	中国气象学会
气象研究与应用	Journal of Meteorological Research and Application	广西壮族自治区气象学会
气象与减灾研究	Meteorology and Disaster Reduction Research	江西省气象学会
气象与环境科学	Meteorological and Environmental Sciences	河南省气象局
气象与环境学报	Journal of Meteorology and Environment	中国气象局沈阳大气环境研究所
热带气象学报	Journal of Tropical Meteorology	中国气象局广州热带海洋气象研究所
热带气象学报(英文版)	Journal of Tropical Meteorology	中国气象局广州热带海洋气象研究所
沙漠与绿洲气象	Desert and Oasis Meteorology	新疆维吾尔自治区气象学会 中国气象局乌鲁木齐沙漠气象研究所
陕西气象	Journal of Shaanxi Meteorology	陕西省气象局,陕西省气象学会
应用气象学报	Journal of Applied Meteorological Science	中国气象科学研究院等
中国科学 D 辑:地球科学	Science in China (Series D:Earth Sciences)	中国科学院
中国农业气象	Chinese Journal of Agrometeorology	中国农业科学院农业环境与可持续发展研究所

2. 国外主要气象期刊

刊　　名	缩　写	中文译名(出版国)
Advances in Space Research	Adv. Space Res.	空间研究进展(英国)
Agricultural and Forest Meteorology	Agr. Forest Meteorol.	农业与林业气象学(荷兰)
Annalen der Meteorologie	Ann. Meteor.	气象学纪事(德国)
Annales de Geophysique	Ann. Geophys.	地球物理学纪事(法国)
Annales de Physique	Ann. Phys.	物理学纪事(法国)
Annales Geophysicae	Ann. Geophys.	地球物理学纪事(德国)
Annals of Geophysics	Annals Geophys.	地球物理学纪事(意大利)
Applied Optics	Appl. Opt.	应用光学(美国)

续表

刊　　名	缩　　写	中文译名（出版国）
Archiv fur Meteorologie, Geophysik und Bioklimatologie	Arch. Meteor. Geophys. Bioklimatol.	气象学、地球物理学和生物气候学文献（德国）
Atmosfera	Atmosfera	大气（墨西哥）
Atmosphera	Atmosphera	大气（德国）
Atmosphere-Ocean	Atmos. -Ocean	大气-海洋（加拿大）
Atmospheric Chemistry and Physics	Atmos. Chem. Phys.	大气化学和大气物理学（德国）
Atmospheric Environment	Atmos. Environ.	大气环境（英国）
Atmospheric Research	Atmos. Res.	大气研究（荷兰）
Australian Meteorological Magazine	Aust. Meteor. Mag.	澳大利亚气象（澳大利亚）
Boundary-Layer Meteorology	Bound. -Layer Meteor.	边界层气象学（荷兰）
Bulletin of the American Meteorological Society	Bull. Amer. Meteor. Soc.	美国气象学会通报（美国）
Chemosphere	Chemosphere	光化层（英国）
Climate Dynamics	Climate Dyn.	气候动力学（德国）
Climate Research	Climate Res.	气候研究（德国）
Climatic Change	Climatic Change	气候变化（荷兰）
Climatological Bulletin	Climatol. Bull.	气候学通报（加拿大）
Contributions to Atmospheric Physics	Contrib. Atmos. Phys.	大气物理学研究文集（德国）
Deutsche Hydrographische Zeitschrift	Dtsch. Hydrogr. Z.	德国水文地理学杂志（德国）
Dynamics of Atmospheres and Oceans	Dyn. Atmos. Oceans.	大气和海洋动力学（荷兰）
Earth Interactions	Earth Interact.	地球相互作用（美国）
Environmental Fluid Mechanics	Environ. Fluid Mech.	环境流体力学（荷兰）
Environmental Research	Environ. Res.	环境研究（美国）
Environmental Science and Technology	Environ. Sci. Technol.	环境科学与技术（荷兰）
EOS, Transactions, American Geophysical Union	Eos,Trans. Amer. Geophys. Union.	美国地球物理学联合会会刊 EOS（美国）
Geofisica Internationale	Geofis. Int.	国际地球物理学（墨西哥）

续表

刊　　名	缩　　写	中文译名（出版国）
Geofysiske Publikasjoner	Geofys. Publ.	地球物理学刊（挪威）
Geologiya i Geofizika	Geol. Geofiz.	地质学和地球物理学（俄罗斯）
Geophysical and Astrophysical Fluid Dynamics	Geophys. Astrophys. Fluid Dyn.	地球物理和天体物理流体动力学（英国）
Geophysical Fluid Dynamics	Geophys. Fluid Dyn.	地球物理流体动力学（美国）
Geophysical Journal International	Geophys. J. Int.	国际地球物理杂志（英国）
Geophysical Magazine	Geophys. Mag.	地球物理杂志（日本）
Geophysical Research Letters	Geophys. Res. Lett.	地球物理学研究快报（美国）
Geophysics	Geophysics	地球物理学（美国）
Global Biogeochemical Cycles	Global Biogeochem Cyc.	全球生物地球化学循环（美国）
IEEE Transactions on Geoscience and Remote Sensing	IEEE Trans. Geosci. Remote Sens.	IEEE 地学与遥感（美国）
International Journal of Air and Water Pollution	Int. J. Air Water Pollut.	国际空气和水污染（英国）
International Journal of Biometeorology	Int. J. Biometeor.	国际生物气象学（德国）
International Journal of Climatology	Int J. Climatol	国际气候学（英国）
International Journal of Remote Sensing	Int. J. Remote Sens.	国际遥感（英国）
Izvestiya，Atmospheric and Oceanic Physics	Izv. Atmos. Oceanic Phys.	大气物理学与海洋物理学（俄罗斯）
Journal of Aerosol Science	J. Aerosol Sci.	气溶胶科学（英国）
Journal of Applied Geophysics	J. Appl. Geophys.	应用地球物理（荷兰）
Journal of Applied Meteorology and Climatology	J. Appl. Meteor. Climatol.	应用气象学和气候学（美国）
Journal of Applied Physics	J. Appl. Phys.	应用物理学（美国）
Journal of Atmospheric and Oceanic Technology	J. Atmos. Ocean Tech.	大气与海洋技术（美国）
Journal of Atmospheric Chemistry	J. Atmos. Chem.	大气化学（荷兰）
Journal of Atmospheric and Solar-Terrestrial Physics	J. Atmos. Sol.-Terr. Phys.	大气物理学与太阳-地球物理学（英国）
Journal of Climate	J. Climate	气候（美国）

续表

刊　　名	缩　　写	中文译名(出版国)
Journal of Climate and Applied Meteorology	J. Climate Appl. Meteor.	气候学与应用气象学(美国)
Journal of Climatology	J. Climatol.	气候学(英国)
Journal of Fluid Mechanics	J. Fluid Mech.	流体力学(英国)
Journal of Geophysical Research (Atmospheres)	J. Geophys. Res.	地球物理研究(英国)
Journal of Glaciology	J. Glaciol.	冰川学(英国)
Journal of Hydrology	J. Hydrol.	水文学(荷兰)
Journal of Hydrometeorology	J. Hydrometeorol	水文气象学(美国)
Journal of Meteorological Research, Japan	J. Meteor. Res. Japan	日本气象研究(日本)
Journal of Meteorology	J. Meteor.	气象学(英国)
Journal of Physical Chemistry	J. Phys. Chem.	物理化学(美国)
Journal of Physical Oceanography	J. Phys. Oceanogr.	物理海洋学(美国)
Journal do Recherches Atmospheriques	J. Rech. Atmos.	大气科学研究(法国)
Journal of the Aeronautical Sciences	J. Acronaut. Sci.	航空科学杂志(美国)
Journal of the Air & Waste Management Association	J. Air Waste Man. Assoc.	空气与废物管理协会杂志(美国)
Journal of the Atmospheric Sciences	J. Atmos. Sci.	大气科学(美国)
Journal of the Marine Technology Society	J. Mar. Technol. Soc.	海洋技术学会杂志(美国)
Journal of the Meteorological Society of Japan	J. Meteor. Soc. Japan	日本气象学会杂志(日本)
Journal of the Oceanographical Society of Japan	J. Oceanogr. Soc. Japan	日本海洋学会杂志(日本)
Mariners Weather Log	Mar. Wea. Log	航海天气日志(美国)
"Meteor" Forschungsergebnisse	"Meteor" Forschungsergeb.	"气象"研究成果系列(德国)
Meteorological Applications	Meteor. Appl.	气象应用(英国)
Meteorological Magazine	Meteor. Mag.	气象(英国)
Meteorological Monographs	Meteor. Monogr.	气象学专论(美国)

刊　　名	缩　　写	中文译名(出版国)
Meteorologische Rundschau	Meteor. Rundsch.	气象学通观(德国)
Meteorologische Zeitschrift	Meteor. Z.	气象学杂志(德国)
Meteorologiya i Gidrologiya	Meteor. Gidrol.	气象学和水文学(俄罗斯)
Meteorology and Atmospheric Physics	Meteor. Atmos. Phys.	气象学与大气物理学(奥地利)
Monthly Weather Review	Mon. Wea. Rev.	每月天气评论(美国)
National Weather Digest	Natl. Wea. Dig.	全国天气文摘(美国)
Natural Hazards	Nat. Hazards	自然灾害(荷兰)
Nature	Nature	自然(英国)
Physical Geography	Phys. Geogr.	自然地理学(美国)
Physical and Chemistry of the Earth	Phys. Chem. Earth	地球物理和地球化学(英国)
Polar Research	Polar Res.	极地研究(挪威)
Pure and Applied Geophysics	Pure Appl. Geophys.	理论和应用地球物理学(瑞士)
Quarterly Journal of the Royal Meteorological Society	Quart. J. Roy. Meteor. Soc.	皇家气象学会季刊(英国)
Remote Sensing of Environment	Remote Sens. Environ.	环境遥感(美国)
Reviews of Geophysics	Rev. Geophys.	地球物理学评论(美国)
Reviews of Geophysics and Space Physics	Rev. Geophys. Space Phys.	地球物理学和空间物理学评论(美国)
Revista de Geofisica	Rev Geofis.	地球物理杂志(西班牙)
Revista Meteorologica	Rev. Meteor.	气象杂志(西班牙)
Science	Science	科学(美国)
Space Science Review	Space Sci. Rev.	空间科学评论(荷兰)
Tellus. Series A, Dynamic Meteorology and Oceanography	Tellus. Ser. A, Dyn. Meteor. Oceanogr.	地球A辑．动力气象学与海洋学(丹麦)
Tellus. Series B, Chemical and Physical Meteorology	Tellus. Ser. B, Chem. Phys. Meteor.	地球B辑．化学气象学与物理气象学(丹麦)
Theoretical and Applied Climatology	Theor. Appl. Climatol.	理论和应用气候学(奥地利)
Trudy Geofizicheskogo Instituta, Akademiya Nauk SSSR	Tr. Geofiz. Inst. Akad. Nauk SSSR	俄罗斯科学院地球物理研究所会刊(俄罗斯)

续表

刊　名	缩　写	中文译名(出版国)
Trudy Glavnoi Geofizicheskoi Observatorii	Tr. Gl. Gcofiz. Obs	重要地球物理观象台会刊(俄罗斯)
Water, Air, and Soil Pollution	Water Air Soil Pollut.	水、空气与土壤污染(荷兰)
Water Resources Research	Water Resour. Res.	水资源研究(美国)
Weather	Weather	天气(英国)
Weather and Forecasting	Wea. Forecasting	天气和预报(美国)
Weatherwise	Weatherwise	天气通(美国)
World Meteorological Organization Bulletin	WMO Bull.	世界气象组织通报(瑞士)
Zeitschrift fur Meteorologie	Z. Meteor.	气象学杂志(德国)

附录 C　气象常用计量单位[*]

量的名称	量的符号	单位名称	单位符号①
长度	$l(L)$	米	m
质量	m	千克	kg
时间	t	秒	s
电流	I	安[培]	A
热力学温度	T	开[尔文]	K
物质的量	n	摩[尔]	mol
发光强度	$I(I_v)$	坎[德拉]	cd
平面角	$l,\alpha(\beta,\gamma,\theta,\varphi$ 等$)$	弧度	rad②
立体角	Ω	球面度	Sr
面积	$A,(S)$	平方米	m²
体积	V	立方米	m³
分速	u,v,w	米每秒	m/s
速率（速度）	$c,(V)$	米每秒	m/s
加速度	a	米每二次方秒	m/s²
力,重力	$F,W(P,G)$	牛[顿]	N
压力,压强,应力	p	帕[斯卡]	Pa
物质 B 的浓度	C_B	摩[尔]每立方米	mol/m³
密度	ρ	千克每立方米	kg/m³
[动力]黏度	$\eta(\mu)$	帕[斯卡]秒	Pa·s
运动黏度	v	二次方米每秒	m²/s
频率	$f(v)$	赫[兹]	Hz
转速,旋转速度	n	每秒	s⁻¹
功	$W(A)$	焦[耳]	J
能量	$E(W)$	焦[耳]	J
热	Q	焦[耳]	J

---

[*] 引自《中国气象百科全书·气象科学基础卷》

续表

量的名称	量的符号	单位名称	单位符号①
光照度	$E(E_v)$	勒[克斯]	lx
摄氏温度	t,θ	摄氏度	℃
功率	P	瓦[特]	W
电荷量	Q	库[伦]	C
电位	$V(\varphi)$	伏[特]	V
电压	U	伏[特]	V
电动势	E	伏[特]	V
电容	C	法[拉]	F
电阻	R	欧[姆]	Ω
电导	G	西[门子]	S
磁通量	Φ	韦[伯]	Wb
磁通量密度	B	特[斯拉]	T
磁感应强度	B	特[斯拉]	T
电感	L,M	亨[利]	H
磁场强度	H	安[培]每米	A/m
放射性活度	A	贝克[勒尔]	Bq
吸收性活度	D	戈[瑞]	Gy
光通量	$\Phi(\Phi_v)$	流[明]	lm
剂量当量	H	希[沃特]	Sv
照射量	X	库[伦]每千克	C/kg
光照度	$L(L_v)$	坎[德拉]每平方米	cd/m²

注:①本表所列物理量单位为科学计算中的基本单位,其中部分单位为非法定单位,但在气象科学计算中常用;

②1 rad=180°/π=57.2957795°。

附录 D　气象常用英文缩略词对照表 *

缩略词	英文全称	中文全称
AABW	Antarctic Bottom Water	南极底层水
AAO	Antarctic Oscillation	南极涛动
AASE	Association for Applied Solar Energy	应用太阳能协会
ABC	Atmospheric Brown Cloud	大气棕色云
AGCM	Atmosphere General Circulation Model	大气环流模式
AIMES	Analysis, Integration and Modeling of the Earth System	地球系统的分析、集成和模拟
AMO	Atlantic Multidecadal Oscillation	大西洋年代际振荡
ANN	Artificial Neural Network	神经网络
AO	Arctic Oscillation	北极涛动
AR5	Assessment Report 5	政府间气候变化专门委员会第 5 次评估报告
ARGO	Array for Real-Time Geostrophic Oceanography	全球实时海洋观测网
ASOI	Antarctic Sea Ice Oscillation Index	南极海冰涛动指数
BAPMoN	Background Air Pollution Monitoring Network	本底空气污染监测网
BATS	Biosphere-Atmosphere Transfer Scheme	生物圈—大气传输方案
CAS	Commission for Atmospheric Sciences	世界气象组织大气科学委员会
CAT	Clear Air Turbulence	晴空乱流
CCA	Canonical Correlation Analysis	典型相关分析
CCAM	Commission for Climate and Applications of Meteorology	气候学和应用气象学委员会
CFCs	Chloro-Fluoro-Carbon	氯氟烃
CGCM	Coupled General Circulation Models	海气耦合模式
CISK	Conditional Instability of Second Kind	（大气层结）第二类条件不稳定
CLAW	Charlson, Lovelock, Andreae and Warren Hypothesis	查尔森、洛夫洛克、安德烈亚、沃伦共同提出的关于气候是通过海洋浮游植物由硫酸盐调控的假说

---

* 引自《中国气象百科全书·气象科学基础卷》

缩略词	英文全称	中文全称
CliC	Climate and Cryosphere	气候与冰冻圈
CLIVAR	Climate Variability and Predictability Program	气候变率和可预报性研究计划
CLM3	Common Land Model，Version 3	公用陆面模式
CMAQ	Congestion Mitigation and Air Quality Improvement	缓解拥堵和空气质量改进计划/模式
CNC-IGBP	Chinese-National-Committee for the International Geosphere-Biosphere Program	国际地圈生物圈计划中国国家委员会
COARE	Coupled Ocean Atmosphere Response Experiment	海气耦合响应试验
COHMAP	Cooperative Holocene Mapping Project	联合全新世制图计划
COPD	Chronic Obstructive Pulmonary Disease	慢性阻塞性肺病
CUACE	Chinese Unified Atmospheric Chemistry Environment	中国大气化学和环境一体化模式
DIVERSITAS	An International Program of Biodiversity Science	国际生物多样性计划
EANET	Acid Deposition Monitoring Network in East Asia	东亚酸沉降监测网
ECE	Economic Commission for Europe	联合国欧洲经济委员会
ENSO	El Niño/Southern Oscillation	厄尔尼诺/南方涛动
EOF	Empirical Orthogonal Function	经验正交函数分解
ESSP	Earth System Science Partnership	地球系统科学联盟
GA	Genetic Algorithm	基因算法
GARP	Global Atmospheric Research Program	全球大气研究计划
GAW	Global Atmosphere Watch	全球大气观测网
GECHH	Global Environmental Change and Human Health	全球环境变化与人类健康项目
GEWEX	Global Energy and Water Cycle Experiment	全球能量和水循环试验
GLP	Global Land Project	全球陆地项目
GO_3OS	Global Ozone Observing System	全球臭氧观测系统
GRAPES	Global and Regional Assimilation and Prediction Enhanced System	全球/区域同化和预报系统
HEIFE	Heihe River Field Experiment	黑河外场试验
HWRP	Hydrology and Water Resources Program	水文和水资源研究计划
ICAeM	International Commission for Aeronautical Meteorology	国际航空气象学委员会
ICAO	International Civil Aviation Organization	国际民航组织
ICSU	International Council of Scientific Unions	国际科学联盟理事会
IGAC	International Global Atmospheric Chemistry	国际全球大气化学计划
IGBP	International Geosphere-Biosphere Program	国际地圈生物圈计划

缩略词	英文全称	中文全称
IHDP	International Human Dimensions Program on Global Environmental Change	全球环境变化人文因素计划
IHOPE	Integrated History and Future of People on Earth	地球系统与人类历史和未来研究计划
iLEAPS	Integrated Land Ecosystem-Atmosphere Processes Study	陆地生态系统—大气过程集成研究
IOC	Intergovernmental Oceanographic Commission	政府间海洋学委员会
IODP	International Ocean Discovery Program	综合大洋钻探计划
IPCC	Intergovernmental Panel on Climate Change	政府间气候变化专门委员会
IPY	International Polar Year	国际极地年计划
ISCCP	International Satellite Cloud Climatology Project	国际卫星云气候学计划
ISLSCP	International Satellite Land-Surface Climatology Project	国际卫星陆面气候学计划
ISO	Intraseasonal Oscillation	季节内振荡
ITCZ	Intertropical Convergence Zone	热带辐合带
JCOMM	Joint Technical Commission for Oceanography and Marine Meteorology	海洋学和海洋气象学联合技术委员会
LF	Low Frequency	低频
LFO	Low Frequency Oscillation	大气低频振荡
LGM	Last Glacial Maximum	末次冰期极盛期
LLJ	Low-Level Jet	低空急流
LRTAP	Long-Range Transboundary Air Pollution	长距离越境大气污染公约
MAP	Middle Atmosphere Program	中层大气研究计划
METROMEX	Metropolitan Meteorological Experiment	大都市气象观测试验计划
MJO	Madden Julian Oscillation	低频振荡
MM5	Mesoscale Model 5	第五代中尺度气象模式
MMOP	Marine Meteorology and Oceanography Program	热带海洋和气象研究计划
MOC	Meridional Overturning Circulation	经向翻转环流
MOS	Model Output Statistics	模式输出统计方法
MWP	Medieval Warm Period	中世纪温暖期
NADW	North Atlantic Deep Water	北大西洋深层水
NASA	National Aeronautics and Space Administration	美国国家航空航天局
NCAR	National Center for Atmospheric Research	美国国家大气研究中心

缩略词	英文全称	中文全称
NGEO	Non-Geosynchronous Orbit Environment	非地球静止轨道
NPO	North Pacific Oscillation	北太平洋涛动
NPP	Net Primary Productivity	净初级生产力
OGCM	Oceanic General Circulation Model	海洋环流模式
PAN	Peroxyacetyl Nitrate	过氧乙酰硝酸酯
PCA	Pricipal Conponent Analysis	主分量分析
PDO	Pacific Decadal Oscillation	太平洋年际振荡
PMF	Probable Maximum Flood	可能最大洪水
PMP	Probable Maximum Precipitation	可能最大降水
POP	Principal Oscillation Pattern	主振荡型分析
QBO	Quasi-Biennial Oscillation	准两年周期振荡
QPF	Quantitative Precipitation Forecasting	定量降水预报
RCC	Rapid Climate Change	全新世气候突变事件
RDP	Research and Development Project	研究和发展计划
RPCA	Rotated Principal Component Analysis	转动主分量分析
RWIS	Road Weather Information System	道路气象信息系统
SA	Spectrum Analysis	谱分析
SCOSTEP	Scientific Committee on Solar-Terrestrial Physics	国际日地物理科学委员会
SEARCH	Study of Environmental Arctic Change	北极环境变化研究国际计划
SERWEC	Standing Europe Road Weather Commission	欧洲交通气象委员会
SiB	Simple Biosphere Mode	简单生物圈模式
SIRWEC	Standing International Road Weather Commission	国际交通气象委员会
SPARC	Stratospheric Processes and Their Role in Climate	平流层过程及其对气候中的作用研究计划
SSA	Singular Spectrum Analysis	奇异谱
SSW	Sudden Stratospheric Warming	平流层爆发性增温
SVD	Singular Value Decomposition	奇异值分解
SVM	Support Vector Machines	支持向量机
THC	Thermohaline Circulation	温盐环流
THORPEX	The Observing System Research and Predictability Experiment	全球观测系统研究和可预报性试验
TOGA	Tropical Ocean & Global Atmosphere	热带海洋全球大气计划

缩略词	英文全称	中文全称
TRMM	Tropical Rainfall Measuring Mission	热带测雨卫星
TUTT	Tropical Upper Tropospheric Trough	热带对流层上层槽
UGEC	Urbanization and Global Environmental Change	城市化与全球环境变化研究计划
UHF	Ultra High Frequency	特高频
ULJ	Upper Level Jet Stream	高空急流
UNFCCC	United Nations Framework Convention on Climate Change	联合国气候变化框架公约
UVB	Ultraviolet Radiation B	地表高能紫外线
VHF	Very High Frequency	甚高频
VLF	Very Low Frequency	甚低频
WCED	World Commission on Environment and Development	联合国环境与发展委员会
WCP	World Climate Program	世界气候计划
WCRP	World Climate Research Program	世界气候研究计划
WIGOS	WMO Integrated Global Observing System	世界气象组织综合观测系统
WIS	WMO Information System	世界气象组织信息系统
WMO	World Meteorological Organization	世界气象组织
ESCAP	Economic and Social Commission for Asia and Pacific	联合国亚洲及太平洋经济社会委员会
TCP	Tropical Cyclone Program	热带气旋研究计划
WOCE	World Ocean Circulation Experiment	世界海洋环流试验
WRF	The Weather Research and Forecasting Model	天气研究和预报模式
WWB	Westerly Wind Burst	低空西风异常
WWRP	World Weather Research Program	世界天气研究计划